所有
打不倒你的，
终将
使你更强大

[德]尼采　著
柯艾略　译

中国出版集团
现代出版社

目录

///057

四月
你最珍贵

高贵的灵魂，是自己尊敬自己。

///057

五月
不可不知的人性

当我们突然被问到一件事的时候，我们想到的第一个想法通常不是我们自己的，而是同我们的等级、地位、出身有关的众所周知的想法。

///097

六月
做一个有趣的人

人要么永不做梦，要么梦得有趣；人也必须学会清醒：要么永不清醒，要么清醒得有趣。

///117

七月
莫辜负生命中的美好

每一个不曾起舞的日子，都是对生命的辜负。

///137

八月
人生的真相

“喜欢做事”，其实是通过一件事来喜欢自己。

//157

九月
我思故我在

每一个人在找到了他更高的自我时，会整天兴高采烈。

///177

十月
谁的人生不迷茫

为了避免枯燥无味，人类要么超强工作，要么发明游戏。

///197

十一月
且将痛苦一饮而尽

人是最勇敢的动物。他们高唱战歌，征服一切痛苦，而人类的痛苦是最深的痛苦。

///217

十二月
你的人生，终将闪耀

没有一条河流是由于自身而伟大丰富的，而是由于它接受了许多支流，继续前进，这使它伟大而丰富。所有精神上的伟大也是这样。

一月

人人生而孤独

01-01

最大的痛苦

一个思想深邃的人需要朋友，除非他拥有一个上帝。我既无上帝也无朋友。

我最大的痛苦是孤独，这种孤独来自于个人无法与世界达成共识。

01-02

寂寞并非孤独

“我好孤独。”

“呵，你配吗？”

01-03

如果对精神生活有要求，注定孤独而痛苦

一个精神贫乏、缺乏个性的人，必然不会遭受精神上的磨难。但是，对于一个关注精神需求的人来说，危机，即供求关系的某种脱节，却是不可避免的。他太挑剔了，世上不乏友谊、爱和事业，但不是他要的那一种，他的精神依然感到饥饿。这样的人，必须自己来为自己创造精神的食物。

01-04

被人理解是困难的

何必抱怨被人误解、曲解、混淆、中伤、被听错和没有被人听到呢？命运就是这样，而且还会继续下去。这也是一种奖励，如果不这样，我们的名誉就难以保证。

我们之所以被混淆，原因是我们总在生长、变化，老的外壳在不断地被剥离，春季到来，脱去旧皮，我们显得更年轻，我们长得高大健壮，对未来更加充满信心，根基更深地植根于邪恶，同时用枝叶拥抱蓝天，吮吸天光。

我们和树一样的生长，真是难以理解，就像一切生命，我们的力量没有聚集一处，而是到处都有，没有具体的方位，而是充塞四方，

在树干、枝条和树根上。我们不再自由……命运就是这样：向上生长，接近闪电，这或许就是厄运。但我们以此为荣，并且不希望让别人分享。这就是我们崇高的厄运。

01-05

伟人也可能是怪人

人们常常谈论的伟人，他们既伟大，又有出众的人格，但事实上做出这样的判断并没有什么根据。

有些所谓的伟人，或许只是还没有长大的人，或许正因为有着孩童般的心灵，才做出了伟大的业绩。

伟人或许能够随着时代潮流和年龄的增长而不断调整自己，随机应变，这样才胜任与时俱进的伟业。

伟人或许像是一些少女，她们被施以魔法，她们生活在无垠的虚幻世界中，所以才做出特立独行的事业。

01-06

独居的情形

一个人独处时，他不敢大声说话，书写的动静也很小，因为他害怕这种环境下空洞的回音。

独处的时候，所有的音响都非同寻常。

01-07

我们只有自我交往

我所有的本性都在对我呼吁：赞赏我吧，激励我吧，安慰我吧。至于别的，我是什么也听不到的；也可能听到了也会马上忘掉。

我们只有自我交往，从来都是这样的。

01-08

在真理面前，人孤独而渺小

人只有通过非凡的勇气和毅力，尽可能地接近真理。强者必须认识并认可现实，正如弱者必须恐惧和逃避现实一样。

01-09

孤独的原因是什么？是你不会爱自己

渴望结交许多朋友；刚刚相识就认定对方是自己的好友；离开朋友就会非常不安。所有这些都说明你目前的处境有些不妙。

为了自我价值的实现，就渴望别人给予答案；总渴望得到他人的理解，为此希望交到更多的朋友；为了不现实的安全感而对他人产生依赖。造成这些现象的原因是什么？因为孤独。孤独又是如何发生的？原因是你对自己缺乏爱的方法。但即便你获得了很多的“速食朋友”，对于你内心孤独的伤痛，还是无法医治的，同样这也无助于你对自身的爱。这一切都是在欺骗自己。

一个人要爱自己，第一就要依靠自身的能力，认真做好某件事，也要靠自身的力量，向着更高的目标进发。这样做虽然也是痛苦的，但却是一个成长所必经之路。

01-10

让美好孤独下去

对那些美好的事物要加以否定，不要再给它们捧场，不要让它们再扩散开去，让它们成为孤独者隐匿的羞耻吧，呼吁“道德就是被禁止的东西”吧，你们会因此呈现出英雄的本色。照这样去做肯定是可怕的，但不会像眼下这样让人厌恶。

01-11
孤独生活的另一个理由

甲：“你现在就要回到你的沙漠吗？”

乙：“我不是一个爱急躁的思想者；对我来说，我需要的是等待，长时间的等待，水总是没有从我的泉眼中喷涌出来，这让我总是非常焦渴，丧失了耐心。我退隐于孤独状态，目的就是避免我不得不从公用的水槽那里饮水。当我身处众人之中，我的生活与他们的一样，我的思想也缺少了独立思考；与大家共同生活一段时间后，我有这样一种感觉，好像所有的人都在设法让我丧失自我，他们要夺走我的灵魂，我对他们充满了愤怒，感到他们很恐怖。基于这些，我一定要走进沙漠，这才能使我恢复常态。”

01-12
偶像的阴影

佛陀寂灭后，在一个山洞中人们展示了他的影像已经长达几个世纪，这是非常恐怖的形象。

上帝死后，人们也构筑了一个千年不坏的山洞，在那里展示上帝的形象。

对我们来说，一定要克服这样的形象。

01-13

我们往往有着对痛苦的期待

人总是要做事的，这个欲望刺激着欧洲无所事事的青年，我想，他们一定也有对痛苦的期待吧，这样就能从中找到某种行为的动机了，虽然这动机值得怀疑。痛苦是少不了的，这就出现了政客的呐喊，各阶层人士的虚伪、臆造和夸张的“痛苦状态”，也随之有了对此盲目的欣赏。

欧洲青年期待外来的痛苦（不要幸福），最好能让大家都看到。他们想象力丰富，把痛苦视为妖魔，再去与之搏斗。他们既能为此增添快乐，也就懂得了制造痛苦。将痛苦的呐喊弥漫开时，他们的想象力就更高雅了，那种满足就像奏响了美妙的乐曲。

他们不懂得独处，就将别人的痛苦画在墙上。他们离不开别人，甚至离不开别人的别人。朋友们，请允许我将自己的幸福画在墙上吧。

01-14

为什么要孤立

对于最有良心的人来讲，面对这样的情感，良心的谴责也显得软弱无力：“这个或那个东西违反了社会习俗。”即使是最强悍的人面对别人的冷漠和轻蔑也是惧怕的，在这些人中，他是受过教育，而且正是为了这些才受教育的。他究竟惧怕什么呢？是惧怕被孤立。就是这个原因，把行为的最好的理由给打破了。我们的群体本性就是这样讲的。

01-15

有一种智慧叫充耳不闻

假如我们一天到晚总能听到别人议论我们，假如我们总是猜测别人对我们有什么样的看法，那么，哪怕是意志最坚定的人也很难以承受。这是因为对于有些人来说，只有在他们比我们优越的前提下，他们才会对我们给予接纳；但如果我们优于他们，哪怕是我们仅仅想要赶超他们，他们也是不能容忍的。对此，我们要取一种不计较的心态，这样和他们相处，听到他们对于我们的议论、赞扬、责难、希望和期待等等都不去计较，不去较真。

01-16

不要想将别人同化

能够同化别人，就能从中找到自身的乐趣。

“同化别人”的设想唯一接近人性的表现也许是能让人更确切地意识到，想同化别人有多难。

就像我们虽然可以使用粗鲁的手段来显示自己的强大，但同时也让他人与我们更加疏远，换句话说，要让他们屈服于我们，这是很难做到的。

01-17

不用希图被所有的人接纳

对方可能从生理上对你有所厌恶，这时，你即使对他再恭敬，也不会改变他的态度，反倒显得你非常谄媚。

让全世界的人都喜欢你，这样的想法是不现实的。对他人应该给予一颗平常心。

01-18

想探索未知世界，那就独自上路

对求知欲的满足，最好是经历一次大难的考验。无论什么样的磨炼，都能使你有所建树，成为栋梁之材。人们或者在赞美你，或者嘲讽你，但没有谁真正有资格嘲笑你。

或许有一天他们会大彻大悟，那时，他们将要找回丢失的良知，他们会哭诉他们的不幸与丑恶，接着会回归真理的怀抱。

01-19

生命中的宽阔视野

离开陆地，我们乘船远航。我们将桥梁甩在身后，陆地也在身后远去、消失。小船啊，你移动要小心，身处大海，海洋并非总在咆哮，它也会安静，就像绸缎、黄金和温馨的梦幻。

但那个时刻必将来到，那时，你会看到大海的宽广无边，没有什么比这更让人心生恐惧。

啊，可怜的小鸟，它虽然感到自由，但此刻又在撞击笼子了。

当你重新依恋起陆地，当你感到痛苦，好像陆地上有着更多的自由，遗憾的是“陆地”已经离你远去。

01-20

品味高尚的人其优势来自性格

在我们的世界不乏下贱、污浊和肮脏的人，除此之外，还有一些品位高尚的人。

这样的人之所以高贵，并不是因为比下等阶层的人天赋更好，或比他们品德更高尚，抑或更有英雄气质，也可能更让人喜爱。

而是因为他们做事的果敢，为人的磊落，目光的远大，还有特立独行。

这样的人耐得住寂寞，他们乐于独处，甘于孤独，他们把这样的境遇视为人生的幸福，是人生赋予自己的特权，是他们生存的条件。

01-21

当人们不能忍受孤独时，就会勇敢地参与社交活动

生命时刻都在展示着新的场景，但我们却不愿意接受。

独处时，人们会担心有什么东西会钻进自己的耳朵里，于是大家都不甘于默默忍受，他们要在社交活动中让自己的注意力分散开。

人们努力躲避着痛苦，但更多是回避自己曾经遭受的苦难的回忆，

用这样的方式不断树立起新的目标和方式，以此忘却躲藏在苦难背后的东西。

01-22
多上街走走，因为孤独不好

多去凑凑热闹，多到人群中去走走，到人多的地方走走。

走进人群，融入群体，这样你会感到自己变得充满活力，就像重获新生。

孤独并不好，因为它会使你消沉，还会使人落伍。所以，还是走出房间，走上大街好。

01-23
精神的承载能力

精神也有承载能力，它要承载一切的重物，就像一匹满载着重物急匆匆奔向荒原的骆驼。精神也是这样急匆匆奔向荒原的。但在荒原上，第二次变形发生了：精神变成了狮子，它要去争得属于自己的自由，它要做沙漠的主人。

01-24

把握本能，这是最高的智慧

人不吃饭不行，身体要垮掉，甚至死亡。没有良好的睡眠，只需四天，身体状况就会像个糖尿病人。如果完全失眠，只需三天，就会出现幻觉，甚至生命危险。

对我们的生活来说，知性非常重要，但人们也会将知性用在坏事上。可以这样说，知性就是一件非常方便的道具。

人们常把本能视为兽性和野蛮的本性，但本能会保护我们的性命。本能就是救济的知性，这是每个人的生活本能。

所以，知性的顶峰就是本能，而本能也是最知性的。

01-25

现代人的面具

看你们这些现代人，脸上和肢体上涂上了五十块颜色：看到你们坐在那里是这般模样，真让我吃惊。

还有五十面镜子在你们周围，映照着你们色彩多变的面孔和身体。

的确，像你们这些现代人，你们的脸就是最好不过的面具，看你们的模样，谁还能认出你们的真面目。

01-26

独特的痛苦

当你遭受了痛苦时，不要以向他人倾诉博得同情，对于一个有个性的人来讲，痛苦也是个性化的、深刻的，它不易被别人所了解，别人的同情只会将你个性化的痛苦，降低为平庸的烦恼，这样也就贬低了你的人格。

01-27

通向幸福的道路

智者问傻子："通向幸福的道路在哪里？"

傻子的回答很干脆，好像有人打听去附近城市怎么走似的，他这样答道："要自我欣赏，还有东游西荡。"

智者吼道："闭嘴，你的要求太多了，自我欣赏就够了！"

傻子回答道："没有蔑视，又何谈欣赏呢？"

通往幸福的道路，需要每个人去挖掘和索取，不要见不得他人的幸福。只有懂得赞扬他人的幸福，才能看到自己身上独一无二的幸福。

01-28

善是如何出现的

丑恶的欲望罩上了文雅的面纱，这使得弱视的人认不清它的真面目，这种情况一旦发生，就意味着善的王国开始建立了。“现在已经进入善的王国”，这使所有被丑恶威胁和约束的本能，比如安全感、舒适感和友善感等欲望都激活了，这也告诉人们，视力越弱，善延续得就越广泛。因此百姓和孩子们都很高兴，但伟大的思想家却陷入了忧虑和悲伤。

使人高尚的东西，也就是那些高尚人士所具备而自己又没有察觉的奇异的情感，是他以自己独特的尺度和近于疯狂的气质，是他对于大家冷漠的事物所表现出的热情，是他洞悉那些无法度量的价值，是他奉献给无名之神的祭祀品——不求虚名的英雄气概以及向世人和万物倾诉的过分的满足。总之，这些东西迄今都很少见，对它们还不了解，高尚的人就是这样出现的。

01-29

坚持自己的道路

人用什么办法能让自己坚持自己的道路呢？有一种声音总在召唤着我们，让我们到旁边去；但我们却看不到那里究竟有什么，所以没有理由立刻就放弃自己的东西，飞快地跑到一旁。

01-30

最美的幸福时刻

最美的幸福时刻，也许就来自那最少、最小、最轻的东西，比如当一条蜥蜴爬动时的声响，或者一口气息，某个瞬间和轻轻的一瞥，尽管它们很微小很微弱。

01-31

通往智慧之路

“通向智慧之路”有三个必经的阶段。第一阶段是“合群时期”，人们会尊重、顺从、仿效比自己强的人。第二个阶段是“沙漠时期”，受到的束缚也最牢固，崇敬之心破碎了，自由的精神茁壮生长，了无牵挂，重估一切价值。第三阶段是“创造时期”，在否定的基础上重新进行肯定，然而这肯定不是出于我之上的某个权威，而仅仅是出于我自己——我就是命运，我手中抓着人类的阄。

二月

你为何而活？

02-01

人总是要死的，因此要努力向前

人总是要死的，因此我们需要快乐健康地生活。

人生总会有终点，因此人才需要努力向前。

时间是有限的，因此要把握当下的机遇。

将叹息和呻吟留给舞台上的歌剧演员吧。

02-02

人应该活成什么样子

喜欢战斗，乐于喜庆，没有忧愁，不做白日梦，身体康健，快乐地去做困难的事情。

生命敢于承受生命的无意义而不低落消沉，这就是生命的骄傲。

02-03

学会在人群中生存

一个人如果在人群中不想遭受干渴的痛苦，就要学会从所有的杯中找水喝；一个人要想在人群中保持纯洁，就要做好用脏水洗澡的准备。

02-04

人生是短暂的，
在有限的时间内做成一两件事情就可以了

如果对世间一切都感兴趣，那很可能一事无成。还有的人，自己内心空虚，才去关注众多的事物来填补。

对于我们来说好奇心是非常重要的，好奇心能激活我们的潜能，但人生是短暂的，不可能让我们满足所有的好奇心。趁着青春年少，认清自己前进的方向，踏踏实实地沿着这个方向不断进取，这才能真正让自己充实起来，实现自己的价值。

02-05

本想让人们关注自己，但却难以实现

人的自我表现欲望，也就是“只想让别人关注自己”的欲望，这种欲望特别表现在聚会上。

参加聚会的人，有的口若悬河、妙语连珠，有的服饰出众，有的交友广泛，有的孤芳自赏……人们可谓搜肠刮肚，用一切办法展示自己，以引起人们的关注。但这样做往往是事与愿违。这是因为他们只把自己当成了粉墨登场的演员，而将别人当成了观众。可是，每个人都抱着这样的想法，那人人都在扮演着没有观众的演员，到头来，谁也不会得到人们的关注。

人生总在循环往复之中。想引人关注吗，办法倒是不少，有的人用的是权力，有的人则是学历，还有人做出一副引人怜悯的样子。但他们都难以达到自己的目的，这就是因为谁都以为别人是自己的观众。

02-06

夸大痛苦与麻醉疼痛

在我看来，人们喜欢对痛苦和不幸加以夸大，好像这已经成了生活中一种“优良”的习惯；另一方面却根本不提像镇痛作用的麻醉剂之类的药物。还有一些镇痛的好办法，比如紧张的思考、安静的环境、美好或痛苦的回忆、计划、希望、各种各样的自尊和同情心，所有这些都能起到麻醉的效果，而痛苦到了极点就会人事不省了。我们非常善于苦中加甜，特别是给痛苦的心灵加甜，不管是在勇敢和崇高之时还是在屈服和绝望之时做谵语（高尚的谵语），都会起到镇痛的辅助作用。

02-07

对伟人的仰视会毁掉自己

如果有人尊崇伟人，那他对宏大的哲学体系就会情有独钟，即便它们也有着巨大的错误，但它们毕竟蕴含着一些不可驳斥的因素，一些个人的情感因素、情感的色彩，人们可以据此再现哲学家的形象，犹如可以从一个地方的植物来推知土壤的性质。

这样看来，尊崇伟人的人，因为他们总是在伟人的笼罩下，自身永远也不能得到解放。

02-08

清晰的生活值得过

生活的清晰、明确，还有表面看上去的浅显，犹如清澈的海水，表面看水很浅，实则深不可测。

从这一点看，生活的清晰性也是非常伟大的。

02-09

对生活，需要我们自己的解释

世界的价值有多大，这就看我们的解读了，古往今来对世界的解读还都属于远景式的解读，依据这样的解读，我们维持着自己的生命，也就是保持着对生活的期望。

随着生命力的增强，人类就更有自信去克服狭隘的解读，每一次生命力的增强，就为我们展示出新的远景画面，只要你做到这些，就看到了“信仰的新的地平线”。

02-10

学会攀登自己的才智

假如你从现在开始还找不到一架梯子，你就要学会攀登自己的才智：不然的话，你还怎么向上攀爬呢？

攀登自己的才智，超越你的情感，这样，你身体上最柔软的地方，就会变得坚强起来。

对自己总是非常关心的人，最终也会因为对自己的关爱而生病。对那些使你坚强的一切表示赞赏吧，对于满是黄油和蜂蜜的国家我是不会赞美的。

对自己要永不知足，要看到更多的东西，这是很有必要的——这是登山者不能缺少的条件。

02-11
勇气是最好的驱逐者

我身上存在一种东西，我把它称之为勇气。不管什么时候，它都为我驱除烦恼。它最终会让我停住，它说：“侏儒，我要和你决斗，不是你死，就是我活！”

进攻时的勇气，最有利于驱除烦恼。这是因为在任何进攻中，都会有军乐响起。

人这个动物最勇敢，他征服了其他的动物，他还用军乐声抵御了一切痛苦。但人的痛苦是最深重的。

勇气还将深渊旁的眩晕赶走，谁不是站在深渊边上呢？我们真正去看的，不就是深渊？

最好的驱逐者就是勇气，它能将同情赶走，但同情的深渊最深，人看到的人生有多深，痛苦就有多深。

但最好的驱逐者是勇气，它在进攻时的勇气，会赶走死亡，他说：“人生就是那样吗？那好，再来一次吧！”

02-12

孕育源于伟大的自爱

伟大的自爱出现在哪里，孕育就出现在哪里：这是我发现的。

在我的花园里，我的孩子就是最好的土地上生长的树木，当第一个春天来到时，它们一片翠绿，肩并肩地站在一起，一起沐浴在阳光下，一起摇曳在风中。

这样的树木并肩站立的地方，真的就是一座幸福之岛。

但在未来的某一天，我要把它们连根拔掉，我要将它们分别栽种，让它们各自独立，为的是让它们学会独立、顽强和慎重。

那时，它们将柔中带刚地在海边挺立，成为一座活的灯塔，永远都是胜利者。

在暴雨倾盆的海面上，在大象将鼻子伸进海面饮水的地方，所有的树木都要日夜轮流坚守，接受考验和评价。

02-13

不要让自己负担过重

只有人类才有不能承受的重负，究其原因，就是人类背负了很多与自己毫不相干的东西。人就像一头骆驼，他跪下来，以便让自己驮起更多的东西。

尤其是那些带着敬畏之心并且自认能负担很多东西的人，他背起的东西过于沉重，那都是与自己毫不相干的嘱咐和价值，在他看来，自己就是沙漠里的骆驼，而自己的生命就是一片沙漠。

说实话，有时，人们连自己的东西都负担不起。

02-14

别人对我们知道些什么

在人们的观念中，我们对自己了解的程度，在记忆中保持了多少了解，对于我们生活是否美好，它们并不发生影响。

别人对我们知道多少（或者以为知道多少），有一天终于向我们冲来，我们这时才发现，这个东西更厉害。对这些人来说，战胜自己的坏心眼比战胜自己的坏名声要容易得多。

02-15

灵魂安定后，财富才能体现价值

我们的花园和宫殿的实质就是对一切财富的追求，将混乱和卑鄙抛开，然后给灵魂构建一个安乐窝。

多数人都会觉得那些美好的东西在给他们以愉悦之时，也提升了他们的天性。

这样看来，想去意大利打猎和旅行吗？那么，你一定要阅读和欣赏歌剧。人们要用这样的方式陶冶自己的情志，这就是文化艺术的意义所在。

但对于强者来说，他们更希望的是让别人陶冶，并且不愿看到自己身边存在异己分子。

于是我们会看到有的人走向了大自然，他们不是为了让自身显现其中，而是为了沉迷于大自然，从而达到忘我的境地，“置身度外”是所有弱者和对自己丧失信心的人共同的选择。

2-16

真实的贫穷

他现在很贫穷，但不是因为一无所有，而是因为他将一切都舍弃，如今还牵挂什么？

他已经惯于追寻新事物。

对自身缺乏自由意志的人，他们才处于真实的贫穷。

02-17

人的幻想在虚构的世界中得到满足

“上帝”“神明”的总称就是存在，这是一个空洞的虚构世界。

所谓“假象”的世界是唯一的；“真实的世界”只不过是人们主观臆想的而已。

这虚构出来的世界，来源于人们对感知的排斥心理。

感知让世界在我们面前呈现出多彩和变化的景象，彰显着世界的纷纭复杂，但依然有人挖空心思地用“理性”将我们感官所得加以篡改。

要学会让我们的感官敏锐，要武装我们的感官，让我们的感官透彻起来。如果不是这样的话，我们就会被永远禁锢在臆造的“理性”世界中。

02-18

距离会产生幻觉，而幻觉又会导致无望的追求

对我们生活的世界，总有一些人会产生虚妄的想法：

一、认为我们赖以生存的活生生的世界是虚假的。

二、虚构一个并不存在的、谁也无法证明的“彼岸”世界；还将其视为真实可信的。我们看得见摸得着的世界被诟病，而虚假的根本不存在的世界却被赞颂。

三、盲目相信一个根本不存在的虚幻的世界，却不觉得这是对生命的蔑视、贬损和怀疑。

以上这些都告诉人们，在肉身上得不到的东西，就寄希望于虚无的精神世界。

02-19

责任感过多，就是为了压制生命

凡是发现有要人承担责任的打算，就意味着那里存在着惩罚欲和审判欲的本能。

02-20

尊重友情，友情比自尊心更重要

古时候，人们视友情为最高的情操，友情比知足者和智者的自尊心还要高贵，比自尊心更神圣，马其顿王国的一个故事充分证明了这一点。

马其顿国王有一次给雅典一位玩世不恭的哲学家捐钱，对方却没有接受。“为什么？”国王问道，“他是不是没有朋友？”

这句话的意思是说对智者和处世独立的人我是尊重的，但如果在他看来友情比自尊心重要的话，我更尊重他的人格。对于哲学家来说，如果他不懂得这两者的轻重，那他在我心目中的形象就低下了。

02-21

充分发挥双腿的能力

假如你们想攀登到更高的地方，就充分发挥自己两条腿的能力，不要让别人抬着你们上去，更不要骑在别人的背上和头上。

你骑过马吗？你想过骑着马向着你的目标轻快地前进吗？如果你想骑马的话，你的瘸腿也会跟着你骑在马背上。

到达目的地时，你从马背上跳下，这时，你的瘸腿将会踉踉跄跄。

02-22

在各个地方找到安定的感觉

经过漫长的旅程，我们终于到达目的地，我们很自豪，但我们当初并没有意识到自己是在远游，我们之所以能够四海为家，都因为所到之处都有“宾至如归”的感受。

02-23

自我本位的视角

自我本位体现了感情上的透视法则，依据该法则会感觉靠近自己的东西体积大而且分量重，而远离自己的东西则体积小而且分量轻。

02-24

厌世和博爱

胃里装满了，已经不能消化了，人们都在说：厌倦他们了。对人们的厌倦是由于过分追求博爱和“同类相残”造成的。

02-25

理想和材料

你具有高尚的理想，是否就能成为一块高贵的石料，可以用来雕刻成高贵的神像呢？这个神像如果不存在，你的所有工作是不是就成了野蛮的雕刻了呢？这是不是亵渎了你的理想呢？

02-26

过分依赖精神力量，说明体能虚弱

对自己的经验与感受也毫不知情，只是在迷蒙地虚度年华。

沉迷于虚幻的美梦中，使你精神萎靡、肌肉无力，找不到坚实的阶梯。

生命充满了风险，我们就像个玻璃体，生命是否该将一切都打倒？

假如萎靡不幸倒下了，一切就都归于终结。

02-27

权势其实都是幻影

做一个团体的领导，做一个有势力的人，在当今时代并非就真正拥有了什么力量。其实，在人们的大脑中，所谓权势，只不过就是一种幻影而已。

只是因为权势能够对人产生影响，所以幻影才占据了人们的大脑。那些有权势的人，虽然体现着某种特殊的存在，但他们却不是什么特殊的人。关于这一点，一些有权势的人已经认识到了。明智的人，已经体察到拥有权势的人是无足轻重的。但对大多数人来说，人们依然迷惑于幻影之中。

02-28

人生中有件重要的事情，就是挖掘自己的能量

对于我们每个人来说，所谓一技之长谁都具备，这是属于每一个人的技艺。

对于自己的技艺，有的人发现得比较早，并且发挥一技之长在某些方面取得了成功。也有人终生不了解自己的技艺所在。

有些人的技艺是在自觉的状态下发现的，也有的人是通过他人的

启示而发现了自己的一技之长。

无论哪种情形，只要你不断地克服困难，不断进取，就一定能挖掘出自己的能量所在。

三月

让心静下来

03-01

树木也值得学习

松树总是笔直地挺立着，就像是在聆听松林的风声。

冷杉也清醒着，没有打盹，也在静心地等待着什么。

树木不急不慌，它们没有焦虑，没有呼唤，只是在静默中耐心地等待着、忍耐着。

松树或杉树的性格值得我们学习。

03-02

智者在沉默

人们应该学会长久地沉默，因为没有谁会察觉人们的内心世界。

高明的沉默者并不是将自己的面庞遮住，而是将水搅浑，这样人们就看不清他的真实容貌了。

高明的沉默者是个明白人、诚信的人、看得透彻的人。他的深藏不露，即便最清澈的水也显不出他的容貌。

在他们那里，沉默并不是以沉默的形式来体现的。

他们的目的在于，抛开事物和行为被神化了的光圈，因为如果事物和行为的良知中缺少了神圣，那神圣还会是什么呢？

我认为，在做某件事时，你不要使用“为了”“因为”和“目的是”等等措辞，而是为了事物本身，还有就是对它的爱。

抵制僵化的智者，驱散他们的魂魄，对灵魂来说，什么都是一场游戏。

03-03

想看到更多的东西吗，那就放低身段

弯弯腰，或蹲下身子，只要放低身段，就能近距离观察眼前的花草，还有在花丛中飞舞的蝴蝶。

平时从远处看到的花草和蝴蝶，此时在你的眼里会呈现出一番新的模样，这就是孩童眼中的世界。

03-04

反思每天的经历

你每天是怎么度过的呢？看看你的习惯吧，每天的经历就是由习惯形成的。这些习惯是许多的小怯懦和懒惰的产物，还是勇敢无畏的产物，抑或是富于创新意识的产物？这三种情形形成一种鲜明的对照，对此，人们都会给予赞美，你也同样给人们送去功利。

03-05

静心思考，需要安静的空间

我们都需要自省。

在我们的大都市，有一样东西特别稀缺，那就是能够让人静心思考的安静的宽阔的场所。

这样的场所没有车水马龙的喧嚣，更没有任何高声的祈祷。

我们需要内省和与世隔绝的庄重肃穆般地内省，但我们在这方面太欠缺。

当静心思考代替了唯唯诺诺的生活后，我们需要将自己净化成大自然中的花鸟木石，并尝试着与之沟通，当我们在花径穿行，也能漫步在自我的世界中。

03-06

晨起时需要考虑的事情

当新的一天开始时，你一定想要过好这一天，那么在睁开眼睛后，就好好思考一下这些事情：

怎样在这一天，为至少一个人送去至少一份快乐。

就是最微小的快乐也无所谓。接下来，你用这一天的时间，设法让这个愿望实现。

如果有许多人都能养成这样的习惯，就有希望更快地让世界变个样，这比祈愿更有效。

03-07

自我反省不要选择在疲倦状态时

当一天的工作结束后，你也许会对自己做一番反省。回想一天的生活和工作，你也许会发现自己和他人的错误，并因此而郁闷。你既为自己的不当之处而恼火，也为他人的错误而愤怒。你就是这样郁闷并恼火着，最终的收场也是不愉快的。

这样做并不是一种理智的反省，它只说明你此时正处于疲倦状态。当身体处于非常疲乏的状态时反省一天的生活和工作，就会为坏心情投下了暗影。疲倦时是不宜回想和反省的，甚至连日记也不适宜此时去记。

我们处于思想活跃的状态时，或为某件事而兴奋时，我们会感到身心的愉悦，这时我们是不会做反省的，也不会沉湎往事。如果你感到了某种自我否定的情绪，或者对他人的敌视，那就说明你此时正处于身心疲倦的状态，这种状态提醒你需要马上休息。

03-08
行为的重点

夜晚，寂寞之时，如果恶魔闯入，对你说："眼下的生活和过去的生活，就是你以后的生活。这样的生活重复着，没有变化，所有的痛苦、欢乐、思想、叹息，还有所有大大小小无可言说的事情都重复着，像过去一样出现，树丛中会有蜘蛛和月光，时光也会重复，还有恶魔。永恒的沙漏运转着，你就像其中的一粒尘土！"听了这话，你是否会瘫倒？是否会咬牙诅咒这恶魔呢？

或许你曾有过同样的经历，你当时这样回答恶魔："你是神明，这么神圣的话我从未听过。"这样的想法如果掌控了你，恶魔就改变了你，甚至把你碾碎。

"你是否依旧这样回答，并且一直这样回答？"谁都要回答，这也是你行为的重点。或者，对自己还是人生，你都选择安于现状，放弃所有的追求？

03-09

看看你的精神处于什么阶段

人们都想活得更有价值，人们在精神所处不同的阶段，他们的价值取向也不尽相同。换句话说，对于不同阶段来说，精神上所追求的高尚品德有所不同。

第一阶段，最高贵的品德为“勇气”。

第二阶段，最高贵的品德为“正义”。

第三阶段，最高贵的品德为“节制”。

第四阶段，最高贵的品德为“智慧”。

我们不妨问一下自己，我们的精神现在处于什么阶段呢？

03-10

人们都急于表达，却不善于倾听

人们都在讲话，他们在议论所有的事情；今天对于牙齿来说还是坚硬的东西，明天就会被人们嚼烂，被千百人含在嘴里。

人们都在讲话，而对于所有的事情大家又都不理会。有的人亮出洪钟般的嗓音宣扬智慧，市场上的小贩叮叮当当地敲响铜钱，以此压过洪钟般的嗓音。

人们都在讲话，然而却无人愿意去听。千条江河流入大海，但每一条小溪却只倾听自己的水声。

人们都在讲话，但没有人愿意去理解。一切都掉落水中，但却没有什么落入深泉。

人们都在讲话，他们所说的一切都被解释得合情合理。不合理就会被大家怀疑，因为那样会失去人情。

人们都在讲话，但说了等于白说。

人们都在叽叽喳喳地说笑着，但却没有谁想下蛋。

啊，我的兄弟们呀，你们没有从我这里学到安静和独处!

人们都在讲话，却没有人清楚该说什么。人们都在奔跑，再没有人想学走路。

人们都在讲话，却没人听我歌唱；唉，大家向我学习安静，向我学习独处的痛苦吧!

03-11

拥有鹰眼的人才是勇敢的

冷酷的人、骡子、瞎子和醉汉是难以下定决心的。有决心的人懂得恐惧，并有办法应对；即使面临深渊，他也会显出高贵的姿态。

能用鹰眼去看深渊，用鹰爪去抓深渊，这样的人就是勇敢的人。

03-12

对痛苦的自问

我们的生活很痛苦吗？真的到了不堪重负需要禁欲的地步、需要采取呆滞的生活方式吗？我们的生活状况还没有惨到一定要采用禁欲的生活方式的地步。

03-13

从远处观察事物，感觉会更美

有时我们也需要遥望远方。

比如，当你远离亲人和密友，孤独中想起了他们，这时，他们在你心目中的形象更为美好。和朋友相处时，大概没有这样的感受。即使远离音乐，也会感受到音乐的美。

站在远处观察思考，一切都会变得格外美丽。

03-14

缺少节制，说明意志薄弱

对于野蛮人来说，他们是没有节制可言的。

他们对于天性的激情和欲望非常恐惧，帝王以至各个阶层的人无不如此。

但从另一个角度看，问题也就出现了，所有的节制是否都是软弱的表现，都标志着老化和疲惫的开端呢？

节制本身意味着艰苦、自我的约束和禁欲主义，它是同恶魔展开的一场争斗，等等。

对节制的美学本性的天然愉悦、对节制美的享受被忽视，抑或被否定，这是因为人们需要某种反幸福论的道德。

一直以来，人们对节制能带来快乐持否定的态度，这种快乐就像骑士在烈马上驰骋。

将天性软弱的适中和强者的节制混淆了。

也就是说，美好的东西遭到了亵渎，因为弱者、懒人和粗野的猪猡，给它们罩上了阴影，好人默默无闻，他们也常常对自己产生误解。

03-15

学会独立行动，不借助外力

我学会了走路，将来我还想让自己奔跑。我学会了飞行，将来我就不用借助推力来运动了。

两山之间最近的距离，是两座山巅之间的距离。但你如果想走上这条路，就要有一双长腿。

03-16

慎之又慎

在惩罚和批评纠正别人上不要做得过分，因为人是很难改变的。哪怕我们把这件事做好了，说不准我们也在无意中被别人改变了。

还不如静静地观察，期待着我们的影响比别人的影响大吧。还是避免直接的争斗吧，争斗就是惩罚、批评和纠正别人，还是选择完善自己吧，赋予自己的榜样以更绚烂的色彩吧，以自己的辉煌让别人失色吧，不要让别人把我们弄得灰溜溜的，仿佛被惩罚与抗争一样，我们还是选择离开，另寻出路。

03-17

宁可耳聋，也不愿震耳欲聋

在过去，你要招呼一个人，只要轻声就够了，但现在不行，你一定要高声呼喊，因为市场扩大了。这样一来，本来高门大嗓的人还要扯开嗓门，增大自己的音量，哪怕是最好的商品也需要声嘶力竭地叫卖。如果市场上的高声叫卖消失了，天才人物也就不存在了。

在思想家眼里，如今就是个邪恶的时代。思想家要学会在两种鼓噪声中寻找安宁，还要装出一副耳聋的样子，直到有一天耳朵果真聋了。如果不能掌握这一套本领，危险就来了：焦躁和头疼会让人有死亡的危险。

03-18

从艺术家那里能学到什么

有什么办法能让不美、不吸引人、不值得贪念的东西变得美并能吸引人让人贪念呢?

可以学习医生的做法，医生将苦药稀释，把酒和糖放进杯子里，还可以学习艺术家的做法，因为他们一直在做着这方面的工作。

慢慢远离事物，直到再也看不到；为了观察清晰也可以再看一下；或者换个视角，从横断面观察；也可以把物体置于一个地方，让它的形状发生改变或罩上伪装；或者用透视原理观察；或者隔着有色玻璃观察，在晚霞里观察；也可以给事物涂上表层，不要让它透明。要想做到这些，就要向艺术家学习；不光是学习，我们还要比艺术家更聪明，因为艺术家的能力会随着艺术的终止而丧失，而我们则要创造生活，特别是那些最细微最平常的生活正等待着我们去创造。

03-19

从细微处发现快乐，需要有高尚的精神境界

一个人的精神境界高尚，内心健康，他就不会去瞎起哄，更不会因为起哄而显得粗俗。没有了轻浮刺耳的哄笑，喜悦和微笑自然会充满我们的生活。

对细微事物的分辨，能使人意识到在人生中蕴藏着很多的喜悦，他就会因此而快乐。换句话说，他的精神境界已经达到了非常细致入微的境地。

03-20

把习惯当作一个问题

熟悉会演变为习惯，但我们最难“认识”的也正是最习以为常的。把习惯当作问题，它是陌生的、遥远的，属于“身外之物”，能这样加以认识，实在是不容易的事情……

03-21

内心的野兽

有一种情绪在人类心中存在时间最长，那就是对野兽的恐惧，这其中也包括了人类内心深处感到恐惧的动物，查拉图斯特拉称这种动物为内心的野兽。

随着时间的消逝，这种长期积聚的恐惧感到最后会变得细腻而理智——在我看来今天的它就是知识。

03-22

默默地考验自己，才能获得真正的自尊心

默默地考验自己吧，这样的考验只有自己作见证。

比如，在无人监督的情况下做一个正直的人。再比如，在无人监督的情况下作风正派。还有，就是对自己也不撒谎。

当你经过了层层考验，再来重新审视自己时，你会发现自己是一个高尚的人，这时，你就会获得真正的自尊心。

你的强大的自信就来自这里，它会带给你奖励。

03-23

最可靠的承诺

在一个承诺中，构成承诺的不是言辞，而是言辞内含的东西。

说实话，有些言辞甚至削弱了承诺，这是因为它释放和消耗了一些承诺的能量。

所以，伸出手，闭上嘴，这样才能立下最可靠的承诺。

03-24

人类中的寄生虫

让我特别讨厌的是所有喜欢奉承的人；在我看来，这种人在人类中最令人厌恶，我把他视为寄生虫：他对别人没有爱心，却仰仗他人的爱来养活自己。

03-25

介绍四种美德

正直，无论对自己还是对朋友。

勇敢，针对敌人。

宽容，对失败者。

优雅，任何环境下。

四种美德对我们寄予厚望。

03-26

我们之所以感到自由，是因为我们能自由地把握自己

有的人脾气暴躁，有的人神经质，这都是由其性格决定的。人的本性是难改的。人类早已成熟，因此本性是很难改变的。

但愤怒只是一时的冲动，我们完全可以控制它。发脾气，就会给人以性情急躁的印象。但你也可以把坏脾气用别的方式宣泄出来，也可以把火气压住，让它慢慢灭掉。

除了愤怒的冲动，其他的情绪或心情也有同样的问题。我们应该善于自由地管控情绪，就像在庭院里剪枝除草那样，这样才能收获到果实。

03-27

仅仅做一个勇士还不够

我喜欢勇敢的人：但仅仅做一个勇士还不够，你也要懂得自己的勇气是用来对付什么人的。

一般来说，更强大的勇气是自我克制，是绕行，这样才能保存实力，这样才能和与自己实力相当的敌人作战。

我的敌人应该是可恨的，而不是可鄙的，你们要以自己的敌人而骄傲。

03-28

理智从哪里结束，虚荣就从哪里开始

推崇高尚，平庸和卑劣就会被人所鄙视。不管是谁，一旦丧失了理智，虚荣就会占了上风。

03-29

思想家善于打破常规

在自己内心转来转去，这样的人不会得到学问。

做自我的内心观察，犹如对无垠的宇宙做探索，将银河置于内心，这样的人一定清楚银河的不规则。

平常之人只懂得守规矩，而一个思想家，却时刻都在琢磨着怎么打破常规。

03-30

成为干净的大海

人是一条河，一条污水河。要想接纳污水河，你必须成为大海，还要不被污水污染。

03-31

克制冲动才会赢得冷静，这是十分可贵的

只要我们保持冷静的心态，很多事情都能顺利完成，工作更不在话下。但需要注意的是，所谓“冷静”有两种情形，其内涵也不尽相同。

其一是由于精神活动的衰减所致。表现在对什么都不感兴趣，觉得任何事情都与己无关，于是就摆出一副旁观者的样子。

还有一种就是对自己冲动和欲望克制后的冷静。能够做到这一点，就能冷静处事，就能宽容待人，就能让人感到舒服。

四月

你最珍贵

04-01

要做一个自由的人，首先要有自我

生活对我们应当保持无误。我们需要自由和坦荡，从清清楚楚的自我本位做自我发展，让自己强大起来。在观察这些人时，我的耳边还在响起这样的话：“情欲比禁欲好，禁欲比伪善好；对于诚实来讲，即使是恶意的诚实，也比因为恪守传统道德而丧失自我要好；对于一个自由的人来讲，他可能行善，也可能作恶，但对于一个失去自由的人来讲，他就是对人的本性的玷污，因此也分享不到天上和人间的好处。要做一个自由的人，首先要有自我。神不会将自由赐给你。”

04-02

奇怪的自我

人人都有一个“自我”,可是人人都不愿别人表现出他们的“自我”,为此宁愿也牺牲掉自己的“自我”。在社会中,每个人个性的自由发展意味着某种形式的竞争,他人的创造要求自己做出新的创造,他人的优胜刺激着自己也要争优胜。于是,为了自己能偷懒,就嫉恨别人的优秀,宁愿人人都保持在平庸的水平上。走阻力最小路线的懒惰心理造成了一种社会的惰性,成为阻碍个性发展的最大阻力。结果,人们不是去发现“自我”,实现“自我”,而是对“自我”避之唯恐不及。

真实需要巨大的勇气,认识真实的自我也不例外。软弱的人往往会欺骗自己,忘掉那些不愉快的经历和体验。真实的“自我”之所以被压抑到无意识的领域之中,这种“自我欺骗”起了重要作用。人忘掉他经历过的某些事情,有意地把它们逐出头脑……我们一直在自我欺骗,由此造成了虚假的自信。真正的自信者必是有勇气正视自己的人,而这样的自信也必定和对自己的怀疑及不满有着内在的联系。

04-03

迎合大众的口味,就不会有自己的东西

对于自己用心血完成的作品我们应该珍惜。应该用心去创作,这

样才能发现心血就是我们的精神。

要想了解别人的心血，这件事不容易，有些人不会用心阅读，对他们的意见，我们不必在意。

对读者缺乏了解，这样的作者就不会为读者服务。一个世纪后，这些作者的精神，也将与草木一起化为腐朽了。

如果所有的人都能阅读，那结果不仅是对写作的破坏，也是对思想的破坏。

用心血精心提炼的格言，不是让人随意阅读的，必须要用心去体会。

04-04
走自己的路

在那些听不见音乐的人看来，那些跳舞的人疯了。

你有你的路，我有我的路。至于适当的路、正确的路和唯一的路，这样的路并不存在。我只走我的路。

04-05

想发现自我吗，那首先要回答这些问题

你想发现自我的本质吗，首先需要对以下问题作出回答：

自己真正爱过什么？是什么促使自己精神境界的升华？在心灵中是什么使自己快乐？什么东西曾让自己着迷？

对这些问题的回答，能使你看清自己的本质所在，才能发现真正的你。

04-06

自我表现的三种形式

充分地表现自己，可以展示自己的能量。这种自我表现大致可以归纳出三种形式：

馈赠。

嘲讽。

毁坏。

给对方以尊敬和爱戴，是自我表现的形式之一。同样，嘲讽和败坏对方，也从反面展示自己的能量。

那么，你会做出怎样的选择呢？

04-07

命令自己，服从自己

对自己不能下令的人就只有去服从，而有的人能给自己下令，但却很难做到服从自己。

04-08

每天在一件小事上做自我克制，就能做自我的主人

自以为是乃人生大忌，知道“自制心”，不一定就能做到自制。真正做到自制，是要以实际行动来体现的。

在一件小事上，每天做些克制。如果做不到这一点，自制心便无从谈起。小事都不能克制，大事也就更无从谈起。

所谓自制就是自我约束，也可以说就是要克服内心的欲望，不让欲望控制了你，不让欲望左右你的行为。

04-09

最危险的敌人，永远都是你自己

对有些人，你千万不要向他们伸出手来，而只能伸出你的爪子，这爪子还要锋利。

但你所遭遇的最危险的敌人，永远都是你自己；无论是洞穴还是森林里，总有一个你在潜伏着。

04-10

审视自己的作品

人的兴趣要想超过自身创造力的兴趣，这是很容易做到的，哪怕后者并不因此遭遇瘫痪和阻挠。相反的情形也有可能发生，这些需要引起艺术家的关注。一位勤奋的艺术家，形象些说，就像一个“人母”，但居然意识不到自己思想“受孕”和“坐月子”；对自己的作品他没有时间去推敲和比较，对于自己审美情趣的训练也是无所用心，相反却将它抛弃，或者停滞、坍塌掉，对于自己创作的东西也不加审视；其作品所要表达的东西，也尽是愚昧的论调。

“对于孩子的了解，没有谁比得过孩子的父母。”在我看来，这句话对于那些创作颇丰的艺术家来讲，也是一种正常现象。

04-11

自己选择角色，而不是角色选择你

对于自己究竟要选择什么样的角色，有些人很在意自主权，他们要自主选择，但多数人还是失去了这种自主权，变成被角色所选择。

自己适合做什么，对这一点人们往往很容易忘掉，但他们却期待着别人驱使自己做什么。

这样，就很容易被任性和专制所掌控，事实上，人们的性格就是由他所担当的角色造成的，这就是人的天性。

在生命的进程中，人们总是心怀坚定的信念，他们虔诚地相信自己所从事的行当，就是由生活模式决定的，他们根本不去考虑自己是否可以扮演其他的角色，也没有意识到自己被专横和荒诞所掌控，更不清楚所谓“一切都是由命运决定的”即使是随处可见的，但对于个人来说，选择命运还是有机会的。

04-12

不管是什么样的好事，都不要“为了……”去做

不管是什么样的好事，我们都不要是“为了……”去做，因为那样只是卑贱和贪婪的举动。

做事是为了某个人，或为了某件事，那都是你在遭遇失败时的借口，是想借此将责任推出去。从相反的方向说，当你成功时，你就会自我高大起来，觉得功劳都是自己的。

可见一切都是以自我为中心。

但当你动机纯正地抱着一颗爱心去做某事时，你就不会想到“为了……”。

04-13

不骗人，也不骗自己

用“不骗人”解释追求真理的意志，这里有个前提条件，就是“我不骗人”，这其中也包括了这样一个原则，就是“我不骗自己”。

“追求真理的意志”并不意味着“我不愿受骗”，而是“我不愿骗人，也不愿骗自己”。

04-14

将自己交给自己

对个人理想的否定，这个准则曾被所有的道德所推崇，成为唯一的准则；每个人、每个民族都把这个准则视为唯一的和至高无上的。但人如果超越了自我和世俗，就会发现很多的准则：一个神对另一个神不会加以亵渎，个人在这里第一次被承认，个人的权利第一次被尊重。诸神、各类英雄和超人、凡人和下等人、侏儒、仙女、半人半马的怪物、山林神怪以及妖魔鬼怪等等都问世了，这成了一场不能小瞧的预演，也就是为个人做辩护的预演。人们将自由交给了神，也就是说将自己交给自己，以此向各种准则、习俗和邻人发起反抗。

04-15

要有自己的独到见解

想得到一条活鱼吗，那就自己亲自去钓吧。同样的道理，想拥有自己独到的见解吗，那就开动脑筋，开掘自己的内心世界，并将它们以语言的形式呈现。

自己钓鱼比买鱼化石要强多了。买鱼化石的人总是觉得拥有自己的见解过于麻烦，不如花钱买来现成的化石。这里所说的化石，指的就是别人的成见。

接下来他们便将别人的见解视为自己的，而这样本该属于别人的见解一旦到了自己这里，便变得既不生动，也缺少变化。可惜，这样的人太多了，到处都是。

04-16

不要让自身的独立意识倒退为群体的观点

人的个体生存范畴本来不包括意识，而应纳入群体习性；这样就能得出这样的推论，意识的发展得益于群体的功利；所以，虽然我们每个人的最大愿望是尽最大可能将自己作为一个独立的个体看待，“了解自己”，但是，把人带入意识的恰好不是他的独立的个体，而是“群体”；我们的思想始终都处在“群体保护意识”这个意识中的发号施令者的掌控下，我们被它约束，自身的独立意识倒退为群体的观点。

04-17

自爱是一种健全和健康的爱

一个人一定要学会自爱——这是一种健全和健康的爱。这样做的目的就是为了当一个人独处时，也能自我忍耐，而不是流浪四方。

有人将这种流浪四方称为“博爱”：直到现在，那些让大家感到沉重的人特别爱用这样的话来撒谎，以此作为最好的伪装。

04-18

对自己要满意

有件事是不能缺少的，那就是对自己要满意，不然的话就会对自己加以报复了，我们这些外人也会随之遭殃的，总要忍受他那张狰狞的面孔。那狰狞的面孔让周围的空气都变得郁闷和恶劣。

04-19

要坚持自己的观点和看法

对于那些神明和殷勤的天才，我认为我们不必在意，要坚持自己的观点和看法，也就是在对事件的解释和处理时，我们的理论和实践已经达到了历史上最高的高度。但即便当我们为自己出色的演奏而惊喜，乃至都不相信是我们自己所为时，我们对自己的智慧和灵巧不可过高地估计。实际上，就在我们演奏的时候，有位先生经常在旁边陪伴，这就是机遇，它对我们的双手做即兴的引导。上帝是最智慧的，但他也想象不出什么样的演奏能比得上我们自己的演奏，哪怕是出自一双笨拙的双手。

04-20

对自己的掌声不怀疑

思想家不需要人们为他喝彩和鼓掌，只要对自己的掌声不怀疑就行了，对他来说，这是不可缺少的。有哪个人不喜欢自己的掌声或者和掌声一样的赞赏呢？

04-21

看清自己的角色

如果我们懂得很多，又将如何呢？也可能更糟糕，我们要注意的是：不要将自身的角色搞错，虽然我们需要大量的知识，但和学者还是有所区别。我们所需不同，成长不同，消化也不同。有时可能我们需要的更多些，也有时可能又所需很少。没有什么标准规定一个天才到底需要多少营养，如果他的志向是在独立、变化、冒险、匆匆来去（只有动作迅速者能够做到这些），这样的话，他宁可追求自由和简单的饮食，挣脱束缚和阻碍。作为一个优秀的舞蹈家，他从营养那里汲取的不是脂肪，而是柔韧性和力量的最大化。

04-22

严格的自我实验

我们这些渴望理性的人，一定要严格审查自身的经历，如同对待一项科学实验，要时刻注意观察。要做自我实验，要让自己成为实验的动物。

04-23

人必须学会爱

对音乐，我们要学会对形象和旋律的把握，把它视为一种独立的和隔绝自我的生活，还有良好的意愿，经过努力，才能最终接受它。它的形象是怪异的，但我们仍然对它的意境和表现方式保持宽容的态度，对它的神奇保持一颗慈善的心，随着时间的推移，我们会接纳它们，我们会期待着它们，没有它们就会若有所失；这样，它就会施展开魅力，使我们喜爱、接纳乃至沉醉其中，以致忘记世界上还有什么更美妙的事物。

我们喜欢上了音乐，对其他事物也一样。一切怪异和陌生的东西总能引起我们的兴趣，对此我们需要时刻保持良好的精神状态，还有耐心和温和的态度，这样它们就会给我们以回报。当怪异和陌生的事物逐渐掀开了它们神秘的面纱，我们会看到新奇而美妙的一幕，那就是对我们殷勤期待的酬谢。

懂得自爱的人，都会通过这样的途径去学会热爱。对于人来讲，必须学会爱。

04-24

怎样才算健康

看你的身体健康与否，主要看你的目的、视野、精力、动力和错误，特别是理想和想象力。这样就会有各种各样的健康。让不同的人都昂起头，抛弃“人是相同的”这个说教，这样，医学家就会抛弃更多的概念，比如正常的健康概念、病人的正常饮食以及正常的患病过程等。接着才对心灵的健康和疾病做深入的研究，并将每个人各自的道德与健康放在一起考虑。在一个人那里是健康的，但换了一个人也许就相反了。

04-25

一成不变的环境中，人是不会发展的

人类一直都生存于可怕的“习俗道德”的压力下，但是，反叛的思想、价值观和冲动，还是会接连发生。

无论在什么地方，新思想都会勇猛地袭来，它们冲击这古老的习俗和迷信的陈规。

04-26

随波逐流者永远停在原地

他一直都在随波逐流，赞赏大众；但这样下去总有一天他会成为大众的敌人。他之所以选择随波逐流，原因就是懒惰，大家不会像他想象的那样懒惰，大家总要进步，大家反对停滞不前。可看看他，就是喜欢停在原地。

04-27

用四分之三的精力干事

用四分之三的精力完成的工作是最完美的。

用尽全力完成的东西，总是让人充满压力和紧张，免不了让人感觉不快和迷茫。这样完成的作品也时常透露出一股作者的“人臭味”。

但用四分之三精力完成的东西能使人感到爽快，也让人安心、健康、舒坦。换句话说，就是更能被人们接受。

04-28

空洞的灵魂渴求华丽的伪装

真理是某种谬误，没有真理，人就无法存在。

最终对一切起决定性作用的是生命的价值。是否存在所谓的“真理”，这并不重要，问题是人们造出的真理到底是个什么样子。但是，所有能给人带来虚幻感的东西，都被披上了“真理”的漂亮的新衣服。

可见人是多么下贱，但具有讽刺意味的是，人的品行却又循规蹈矩，就在那衣冠楚楚的穿着里包藏的是一颗软弱干枯的灵魂。

04-29

轻装前进

人一定要轻装前进，这样才能让自己追求知识的意志奔向远方，并超越时代，这样才能打造一双洞察千古的慧眼和一片丽日晴空。我们一定要打碎一切枷锁，这些东西压迫、阻碍和贬低当今的欧洲人，在它们的重压下，人们倍感重压。要达到彼岸，要获得时代最高的荣誉，首先要在自己的内心“征服”这个时代，这是对力量的考验，不仅要征服时代，还要克服所有对它的厌恶和矛盾的心理，克服自身的“时代病”、不合时宜和浪漫情调……

04-30

活在当下，对自己负责

我们就生活在当下，我们需要无限的时间才得以产生，今天对我们来说是稍纵即逝的，除此之外我们一无所有，我们一定要在当下表明我们为何恰恰产生于今天。对于自己的人生，我们一定要对自己负责，为此，我们要做自己人生的真正舵手，这样才能不使人生混同于盲目的偶然。对待人生我们要敢于担当，敢于挑战，这样做的原因，就是不管情况如何，我们最终会失去它。

要像爱自己那样爱别人，首先就要做一个爱自己的人，用最大的爱来爱自己。

五月

不可不知的人性

05-01
最大的自恋是什么？

什么是最大的自恋呢？

“希望被爱”这样的要求就是自恋。

这其中包含了高调的主张：我的价值值得被爱。在这些人看来，自己是最出众的，是地位最高的。他们对他人充满了歧视，认为只有他们自己才是最为出众的。

05-02
“自私”是过分关心自己

人的生命无论处于什么样的状态，在我们看来都应当还说得过去。

我们也需要让无害的自私在自身成长、繁衍、自由和无惧。

05-03

虚荣的人没有独立性

虚荣是某种不由自主的倾向，外表看是个特殊个体的样子，实则不然。看它独立面孔的背后，是一副从属的面目。

智慧正好相反，虽然它做出从属的样子，内里却是独立的。

05-04

爱慕虚荣说明对权力的追逐

爱慕虚荣的动机是对权力的追逐，权力欲并非我们受到他人的赞赏而产生的愉悦。赞赏和斥责、爱与恨，所有这些对一个爱慕虚荣争权夺利的人来说都一样。

胆怯（贬义词）和权力意志（褒义词）的运用，表明我们对他人的意见非常重视。

对权力的追逐源于人们所有过的许多依附和软弱的痛苦经历。如果没有这样的体验，就不会产生对权力的渴求。

05-05

看不起别人，是因为自己内心虚弱

有些人做事爱走极端，总是显出了不起的样子，这其实是一种虚荣心的表现。这样做的目的无非是想把自己的形象变得高大，给人一种非常高大非常能耐的感觉。其实，恰恰就是这样的人，他们的内心非常空虚。

那些斤斤计较于琐事的人，外表貌似细腻，但实际上内心充满恐惧。这样的人总是担心自己会失败，总是担心别人会成为自己成功的障碍，因此对别人总是充满敌意。

05-06

心生厌烦是因为你不再成长

什么东西难以得到，就越是想得到它。

但当你得到它并经过一段时间后，也许会感到厌倦。东西如此，人也是如此，没有例外。

因为得到了，习以为常了，这才会萌生厌倦之情。但真正让你厌倦的其实就是你自己。得到的并没有发生什么变化，换句话说，你对它的看法依旧，厌倦就是这时产生的。自己不再进步，是厌倦萌生的根源。

一个人处于不断进步中时，自身总在变化中，对同样一件物品，他是不会产生厌倦之情的。

05-07

人们对事物的解释总是倾向于有利于自己的方向

“对你的邻居要有爱心。”

话是这样说，但很多人并不爱自己的邻居，他们爱的可能是邻居的邻居，也可能是更为遥远的人。

这是为什么呢？这是因为在他们眼里邻居很讨厌，丝毫也不招人喜欢。人们自认为只要对远方的人表现出了爱，就是对“爱邻居”的证明。

人们对事物的解释总习惯于有利于自己。明白了这一点，就明白了为什么那些正确的主张很难实现的原因了。

05-08

闲聊时看似无关的事物，内含着自我的炫耀

有些做妻子的喜欢拿丈夫的职业地位说事，以此来炫耀自己，认为是自己的功劳。至于孩子所上学校如何好、家里的宠物狗如何聪明、院子里的树木多么美丽，还有城市中所有的美景，这些都是她的功劳。

政治家和官僚也有类似的举止，在他们看来，时代与历史是由他们来掌控的，很多人都会夸大自己所了解的事情，强调其重要性，甚至把自己所知，当成了自家的财物。

表面看他们谈论的都是一些事物性或知识性的东西，而内里却是自我的炫耀，是自我的占有欲。仅此还不够，他们还要占有历史和未来。

05-09

讲究逻辑的潜台词就是去掉差别

人们都明白，逻辑是最民主的，但对个人，逻辑一点也不尊敬，甚至能将鹰钩鼻说成直鼻。

过度看重逻辑，这样的思想渗透到哪里，哪里的人们对精密的分析就会越发依赖，对敏锐的辩论、书写越发相信，沉溺在精细的说理中。

人们果真是在使用逻辑吗？并非如此，人们不过是在甘心被逻辑调教。

逻辑的普及，其真相就是它将人们之间的差别和个性都不留情面地抹杀了。

05-10

讲真话，既合时宜也不合时宜

丧失了鉴赏力，剩下的只是粗俗的低级趣味、野蛮的争辩，还有市井无赖一样的言谈，对那些低俗丑恶的东西，人们都会报以鄙视和嘲讽，而这就是不合时宜的，但因为说了真话，对所有的时代来说又都是最合时宜的。

05-11

将一切扯平就是公正

公正是要促成这样的结果，就是“让平等者得到平等，让不平等者感到不平等”。

公正的呼声就是这样的，由此得出结论：“不能将不平等者扯平。”

围绕着所谓平等学说发生了很多不幸和流血事件，让这个响亮的“现代理念”放出了光芒和火焰，革命就像奇迹一样吸引着高贵的灵魂。

说到底，没有理由再尊崇它。

犹如只看到一个人感到它很厌烦，自己也会感到厌烦一样。

05-12

让他人蒙羞是丑恶的

让他人蒙羞是非常丑恶的行径之一。

恶人会让他人蒙羞。比如盗窃和杀人，都会让人蒙羞。使用暴力就不用说了，就是因为很小的争执，他们也会使用侮辱他人的词语。

做坏事不仅对自己是羞耻的事情，它还殃及恋人、父母和朋友，甚至对人类本身也是一种羞辱。

那些真正自由生活的人们，他们的所作所为是不会让自己蒙羞的，当然，也就不会让别人蒙羞了。

05-13

固执己见只会换来他人的抵触

一任自己固执己见，就只会遭到更多人的抵触。

对于固执己见的人来说，他们似乎总有一些理由。比如，他们为自己的独到见解而骄傲；为了自己的见解他们付出了辛苦，他们为此需要得到回报；他们为自己理解力的透彻而自豪。

很多人都能直观地感受到固执己见者的借口，并对此感到非常厌恶。

05-14

善谈者或许有意隐瞒着什么

谈起个人便滔滔不绝的人，或许对自己的本性、内心世界和真实身份隐瞒了什么。

一个人撒谎时，一定讲话很多，这是因为他们希图用大量无关的信息转移对方的注意力，以防自己的秘密被对方发现。

05-15

激情的保质期

当我们处于生活的某个阶段，却很少意识到此时所激发的热情，只是认为属于人之常情而已，是正常的理性状态，不认为那是激情。

今天，听到几首乐曲，它们唤起了我对冬天，对一幢楼房，还有一种归隐田园的怀念之情，它们让我重温了过去的那种沉浸其中的情结（那是我抱定要以此度过一生的），如今我醒悟到这纯粹是当初的一种激情所致，就像耳边回响的这充满痛苦和慰藉的乐曲。对这样的激情，人们不会经历几年依然保留，更不会让它们永驻心间，不然的话就显得“不食人间烟火”了。

05-16

当一些人呼吁“平等”时，他们需要的是自己的欲望

有些人好用“平等”这个词，其中隐含着两种欲望。

第一，他们希望通过降低他人来达到彼此的平等；第二，将自己的水平提升到与他人平起平坐。

因此，我们一定要分辨诉求者的真实意图究竟是哪一个？

05-17

攻击性强有其内在的原因

有的人攻击性强，这不是天生的暴力倾向，也不是一心想教训他

人、对他人施暴。

有些人对他人实施攻击，经常是为了了解和证明自己的能量，要看看自己究竟有多强大。也有时是为了让自己显得正当化而去攻击。

个人是这样，对于一个国家来说，也是这样。

05-18

误解伤人，拒绝理解更伤人

想要被人理解是很难的。

人们应该感谢为求精准解释的好愿望；在美好日子里，大家不会苛求解释。人们对朋友的误解都给予了宽容的空间。

相比不理解，误解要好得多。在被理解中，会存在侮辱性的东西，这能叫被理解吗？人们能够清楚这是什么吗？——这是理解，就是将所有差异扯平，将所有的个性抹杀。

误解比不被理解更为得意；对不理解的东西，人们毫无反应，冷漠是会伤人的。

05-19

有多少要求，就有多少担当

一个人为自己争得的权利，和他自己所应承担的义务以及自认为能够胜任的责任成正比。

最普通的人则没有生存权，在上等人眼里，这却是一种不幸。

05-20

胆怯会带来灾难

“哎呀，前面已经无路可走了。”如果是这样想的话，即使本来还有路可走，也会瞬间迷茫起来。

“危险！”这样想的话，安全感也顿时全无。

“一切都结束了吧……”这样的念头一出现，你就已经开始迈向人生的终点。

“怎么办呀……”这样想只会让你把最好的办法都抛掉。

这些都在告诉我们，胆怯只会带来失败和灾难。

对手强大，困难多多，情况也不好，如何改变现状真是一筹莫展……所有这些都不应该成为失败的借口。

如果你内心恐惧，胆子变小了，这无异于你自己选择了失败和灾难。

05-21

傲慢实在是不明智的

傲慢是一种经过掩饰的伪装的骄傲；但真正的骄傲是不会以掩饰和伪装来登场的。

所以，傲慢实际上就是不擅伪装的伪装，这是很难做到的，而且经常会失败。

但如果傲慢做不成，傲慢的人就要体验到三种苦恼：因为要欺骗他人而被人所憎恨；因为想要显示比别人有优越感而被人不齿；还有因为既欺骗成功也缺少超越他人的优越感而被人嘲笑。

所以，傲慢实在是不明智的。

05-22

对持反对意见的人要洞悉他的心理

对于某项提案持反对意见的人，他们的意见很少是有根据的。

很多人之所以持反对意见，一般都是针对提案陈述时的口气和说法而言，或者只是针对讲话人的性格和氛围。

认识到了这一点，就很自然地清楚了怎样才能赢得更多的支持者。

用怎样的表现手法，如何去说服对方，采用怎样的口吻……所有这些还属于技术上的问题，这些都是可以改变的，而无法改变的则是讲话者的性格、容貌，还有他的人品和生活态度等等。

05-23

打小算盘的人内心是卑贱的

在卑贱的人看来，一切高尚崇高的情感都是不妥的，对于高尚的和上流的东西，他们都不相信。对于高贵的人，他们心怀嫉妒，就像是他们借助诡计找到利益。

当他们都非常率真地相信，不存在自私自利的意图时，他们将高贵的人视为傻瓜，轻视他们的快乐，嘲笑他们的睿智。在卑贱的人看来，人不可能甘于无私，不可能眼睁睁地乐于吃亏。

如果真有这样甘于吃亏受苦的人，那他的追求一定是境界崇高的，他要让自己的精神接受磨难的历练。他们轻视那唾手可得的现实利益，他们更看重精神境界的高尚。

而卑贱的人眼里只有既得利益，而且在他们内心，这种追求比最强的刺激和奇思妙想都更强烈。

05-24

从个人爱好可以看出人的生命力的强弱

生命力强的人，对那些被人置疑的、可怕的、动人心魄的事物很感兴趣，比如奔跑在狂风中，在悬崖峭壁上欣赏惊涛骇浪。

相反，沉醉于优美的湖光山色，这样的人一般似乎就缺少了激情和活力，这样的人性格上也偏于温和软弱。

05-25

与害羞的人交往要装糊涂

有的人在表达自己的情感时比较害羞，和这样的人交往要装得糊涂些；他们会突然对某个人产生不满，因为此人会把他们的温柔或高亢的情感识破，好像洞悉了他们的秘密。这时要想对他们表示好感，就要想法让他们高兴，或者讲个能让人冷静而有趣的话题，这就能让他们冷静下来。

05-26

喜欢自我表现小聪明的人其实都不算聪明

一个人仅仅有点小聪明小机灵是不够的，迟钝一点也是必要的。

只有聪明算不上潇洒。这样的聪明人，在别人眼里还是显得太年轻，因此被人轻视。有点“锈迹”是必要的。

所谓大智若愚会产生某种魅力，能赢得人们的喜爱，也会为自己的进退留有余地，并因此能得到他人的帮助。这样的人比起那些只会显示自己聪明的人更有收益。

05-27

在赞美者面前

A：“人只接受同一类型的人的赞美！”

B：“的确如此，赞赏你的人常这样说：你很像我！”

05-28

怎样笑，什么时候笑，这些会表现出你的人性

怎样笑，什么时候笑，这些都会表现出你的人性。比如说，你的笑是在嘲笑他人的失败，还是因为看到了有趣的东西，或者是因为幽默？

笑的深度也显露着一个人的本性。

但因此对笑发生恐惧也是不必要的，因为人的本性还会经过其他途径表现出来。人性的改变，也将导致笑法的改变。

05-29

当你批评他人的时候，同时也是自我的暴露

批评他人，坚称他人有错，这样的人也在无意间把自己的性格暴露无遗。

从第三者的角度看，对他人的严厉指责，这样的人其性格更为低劣。所以，对他人的过分责怪，只会招来旁人的厌恶。

05-30

果断的外表下，可能掩盖的就是顽固

人们常把“一言既出驷马难追”看作一种果断的作风，这样的人才有男子汉的气质，他们果敢、坚定，他们的所作所为也一定是正确的。

但大家还是要认真想一想，对自己的承诺坚定不移地去兑现，难道不也是某种固执吗？不也是某种情绪化的表现吗？不也是倔强的行为吗？这种行为的背后，不也是某种名誉与虚荣心在驱使吗？

在做出某种行动之前，一定要从理智的角度去考量，对这种行为的正确与否做出理性的判断。

05-31

不要期盼别人去做能力以外的事情

不要期盼别人去做能力以外的事情，因为在他们看来这样的事情是没有把握的。

尤其是当人们希望自己成就大事时，他们就对大事有所怀疑，他们最终还会怀疑自己，并用斜眼看人。

六月

做一个有趣的人

06-01

做一个有思想的人，需要满足三个条件

想做一个有思想的人，需要满足以下三个条件：

与他人的交往，读书，还有心怀热情。

去掉其中任何一条，都无法进行思考。

06-02

不要陷入无聊的事情中

热的反面就是冷，亮的反面就是暗，大的反面就是小，这种文字游戏阐释的是一种相对概念。但现实却并非如此。

以“热”与“冷”来说二者就并非对立。它们只不过是对某种现象的差异程度的一种直观的感受而已。

如果认为现实中对立也普遍存在，一点小麻烦也会使人陷入困境，一点微小的改变也会给人带来巨大的苦痛，本来单纯的距离也会导致彼此的疏远，甚至决裂。

很多烦恼都是文字游戏造成的，正是它们使人心生不平，乃至不满。

06-03
睡眠的艺术

睡眠的艺术不简单，只有在白天保持清醒，夜晚的睡眠才能保证。

在白天，你要保证十次的自我克制：经过这样的克制你会感到非常疲倦，这就是灵魂的麻醉药。

你一定要不断地宽恕自己十次：因为自我克制是很痛苦的，没有对自己的宽恕，睡眠也得不到保证。

你要在白天寻找到十条真理：不然的话，在夜间你还要寻找真理，你的灵魂也会因此感到饥饿难忍。

你要在白天有十次的开怀大笑：不然的话，你的胃口——这是个痛苦之父，就会在夜晚来临时骚扰你，让你不得安宁。

06-04

学会爱，对陌生的东西要耐心

开始听陌生的音乐，不要因为陌生而有抵触情绪。应该以耐心、努力和宽容的心态听完。

这样重复几次就会慢慢熟悉，进而变得亲切，就会发现乐曲的魅力，就会体会到乐曲内涵的美，就会爱上它，就会让它变成自己不可缺少的乐曲。

音乐如此，其他事物对我们来说一开始也是陌生的。只要拥有一颗爱的心，就能爱上工作，爱上自己，爱上他人。

在崎岖山路的尽头充满了爱。

06-05

抛弃理想和梦想，人就会变得肮脏龌龊

不要抛弃理想，不要抛弃内心的英雄形象。

人们都有远大的志向，都有理想和梦想。不能用怀旧的口吻讲，那是从前的事情了，是年少时的梦想。不要放弃提升自己的机遇。

如果在毫无察觉的情况下抛弃了理想和梦想，内心就会萌生嘲讽的种子，就会轻视那些有理想和梦想的年轻人，这时的心灵就会充满了嫉妒，就会变得肮脏龌龊。上进心没有了，自我克制也没有了。

为了更好地生活，为了尊重自己，理想和梦想就不能抛弃。

06-06
不要炫耀自己的智慧

不小心把自己的智慧晒了出来，你就有可能遭遇有形或无形的抵制和反抗。炫耀自己的智慧，这是有害无益的举动。

因此，还是要和平常人一样，像平常人一样喜怒哀乐，偶尔和大家共同热闹一番也不失为好办法，因为这样你就能掩饰住自己出众的智慧，也伤害不到他人。

06-07
追求情绪的高亢

在我看来，多数人不大相信有高亢的情绪，因为高亢只在瞬间出现，最多也不超过一刻钟。只有很少的人经过体验发现高亢的情绪可以持续较长时间，但也只是很例外的事情。

情操高尚，情绪高亢，对于人来讲，这还只是一个梦想，一种使人沉迷的境界，从历史上看，这样的实例还没有出现过。但如果能够创造出一定的有利条件，历史或许也会“分娩”出这样的人来。遗憾的是这样的条件一直也没有成熟，即使最让人感到乐观的很偶然的机会也没有出现。

06-08
保持必要的人际距离

人与人之间保持一定的距离是很有必要的，因为我们每个人都需要一个“自我”的生存空间。缺乏“自我”的人，也必然不会尊重他人的“自我”生存空间。你需要闭门思考一下你的痛苦，你的门被敲响了，同情你的人接连到来，他们的同情和吵闹将淹没你的痛苦。

06-09
怎样医治心灵的痛苦

对于自己的痛苦和不幸，人们似乎总是乐于渲染和夸大，好像在宣扬某件善行。

但他们却闭口不提那些可以让痛苦减轻的方法，坚定的自尊和耿直的心肠也被抛弃了，不去激发这些可以削弱痛苦的情感和力量。

勇气和坚定的意志，服从和认命，在这些选择中，我们完全可以找到真正缓解痛苦的方法。

06-10
助人为乐是最高尚的

人们有时感到不快乐，原因之一就是所做的事情和后果没有惠及他人，这使很多人感到很郁闷。年轻人正处于激情迸发的年华，但他们也时常感到不快乐，这是因为他们觉得自己还没有做出对社会有益的事情。

让快乐永驻的秘诀就是去助人，做一个对他人有用的人，你会从中发现自己存在的价值，就会从中享受到真正的快乐。

06-11
与人交往的原则

与人交往有技巧，它就像接受宴请、吃你不爱吃的食物的技巧。饥饿时还好办（就像靡菲斯特所说，“恶劣的社交让你感受”）。但饥饿感没有时，要想喜欢人家的宴请，还真不容易。

第一个原则是：像遭遇事故，你须全力以赴，勇敢地投入，要独立，把恶感咽下。第二个原则是：夸奖别人，使其情绪“变好”并陶醉其中；或者抓住他的好的或“有趣的”个性特点，牵着他走，进而以你的美德制服对方。第三个原则是：自我催眠。凝视对方，就像聚焦一个纽扣，直到快乐或厌烦感全无，进入睡眠状态。这个姿态就像婚姻和家庭常备的药物，非常有效，不能缺少，但在科学上还没有名分，它有个俗名，就叫忍耐。

06-12

怎样调控精神的自由

想获得真正的自由吗，那就要设法管控住自己的情感，使之不能随意发作。

对情感的放任，自己就会成为情感的奴隶，就会被情感冲昏大脑，最终的结果反倒是得不到自由。

在精神上获得自由，能够独立自主，这样的人对此是非常明智的，他们能够正确地调控自己的情感。

06-13

具备四种美德

对自己和朋友都要永远诚信。

对敌人要有勇气。

对失败的人要宽容。

无论何时都以礼待人。

06-14

不要常讲“我如何如何”

人这种动物是渺小的、容易焦虑的，但人又是幸运的，人营造了属于自己的时代。个体的生命是短暂的，就像一段插曲，一个没有结局的例外，但是，对于整个地球来说，生命是无足轻重的。

地球本身像个天体，就像处在两个虚无间的缝隙，它就像个没有计划、没有理性、没有意志和没有自我意识的现象，它是必然之物中最为糟糕的种类，是愚蠢的必然性……对于这种看法，我们非常反感。

我们不愿被漠视、无视和忽略，我们希望能够支配自然，从来也没想到要与自然和谐相处。希图将自己从自然中剥离开的人，他的自我是非常渺小的。

06-15

所谓“有个性”，只不过是对本性的美化而已

给人的个性塑造一种“风格”，这是一种少见的和崇高的艺术。

从某人的优点和弱点观察他的本性，并依据其本性制订一套方案，直至一切都显得非常艺术、非常理性，以致连弱点都令人陶醉，这样的艺术才让人艳羡。

06-16

怎样和好友相处

和好友彼此之间应该保持如下的关系：

对朋友要给予最大的敬重。对朋友的爱戴是应该的，但对自己要更自爱。

与朋友的交往中当然会表现得非常亲密，但也要留心不要陷于进退维谷的地步。

不要将朋友和自己相混淆，要清楚彼此还是有区别的。

06-17

与朋友的交往要能使自己进步

青年人有时会骄傲自大，这是源于他们还没有什么成功之举，但却愿意与水平低的人相比，这样就显得自己很有成就。

如果沉溺在这种看起来很甜美的错觉中，将大好的光阴荒废，那样就会给自己带来不可估量的损失。还是要向那些真正的实力派靠拢，向那些成功人士学习。

一旦这样做了，就会发现自己以往的自大和虚荣，就会力争丢下它们，就会清楚地认识到自己当下应该怎样做。

06-18

爱就像一场雨，既洒向善良的人，也洒向丑恶的人

为什么爱比公正更受人们的欢迎和关注？

为什么人们总在讨论有关爱的话题，对爱总是充满了赞美？

难道公正不是比爱与我们关系更为密切吗？爱难道不是比公正更愚蠢吗？

真实的情况是，正因为爱是愚蠢的，所以人们才觉得爱来得更舒心。爱是无私的，它将无数花束送给他人，以致爱到愚蠢的境地。不

管他是谁，即使是不值得爱的人，即使是不公正的人，即使送给他爱也得不到回报的人，爱是不加选择的。

雨水会洒向善良的人，同样也洒向了丑恶的人。爱是没有选择的，就像一场雨，将所有的人都淋个透湿。

06-19

对与自己不同的人要有爱心，要爱和自己不同的人

爱就意味着要理解与自己生活态度不同的人，理解与自己感知方法不同的人，接纳他们。

爱的对象并非是与自己相近的人，而是能愉悦地去爱与自己不同的人。看到对方的不同之处，不要取否定的态度，而是要愉悦地接纳。

我们对自己也应这样。在自己内心深处，也会充满矛盾和对立。对于矛盾和对立，爱是不加抵触的，相反，爱会因为矛盾和对立而喜悦。

06-20

少一些期待，多一些雅量

在一个理想的社会，人们不可能对什么都抱很大的期望，不可能什么都符合逻辑。法国人的幽默中总有些非理性的东西。希腊人不喜社交，思想丰富的人也缺少幽默感，开玩笑也少有戏谑。我的话可能有人不信，我还有很多话憋着呢。“这就是雅量的缄默”，马尔蒂阿就是这样爽快说的。

06-21

适当的贫乏是有益的

对于财富，人们充满了聚敛的欲念，但这样一来反倒让自己变得贫穷；越是追逐权力，越是渴望大权在握并聚敛大量的财富，这时就越发感到自己的虚弱。

对宝座，人们充满了渴求，仿佛登上宝座就是人生最大的幸福，这就是在疯狂引导下的错觉。

真实的情景是，宝座常常是藏污纳垢的地方，它本身也置身于污秽的环境中。

大地还在为高尚的灵魂而敞开着胸怀，还有很多地方可以供人们舒适地栖居，那是宁静美好的地方。

自由的生活还在等待着高尚的灵魂去分享。

占有虽少，但不为财富所累，没有任何精神的负担，这样看来，适当的贫乏也是一种幸福。

06-22

因为天真而失去思考的情趣

对大多数人来说，知识分子就像一部机器，而这部机器它别扭、难解，而且又有很重的杂音，想要让机器运转还真不易。

和这部机器一起工作，而这部机器又要慎重思考时，他们就认为它“太认真”了。

唉，深入地想一想，对他们来说，这真是一桩很要命的负担。

无论何时何地，人们一旦陷入思考，好像幽默感就没有了，一下子变成一副“严肃”的面孔。

只要欢乐在，笑声在，所谓思考就没有任何价值。

06-23

任何高超的技巧，都要付出代价

每一个职业，哪怕是满地铺着黄金，它的上方也有一块铅质的天花板，心灵因此被扭曲。这个现实无法改变。通过某种教育技巧避免这种畸形现状的发生，我们还没有信心。任何高超的技巧，都要付出代价。因为付出而掌握了专业技能，但又成了专业技能的祭品。和我同时代的人们，可能不愿这样做，大家希望“少”付出，但生活得好，是这样吧？如果这样，大家立刻会发现不一样的结果，大家不再是职业大师，而是成了作家：老于世故、见风使舵的作家。而作家不会驼背（有一种例外，就是作为思想界的售货员和教育的“载体”向你鞠躬），作家不足挂齿，但又能“代表”一切，他扮演和“代表”着专家的角色，还谦卑地展示自己在被别人豢养着，也受到了尊敬和欢迎。

06-24

“交往”的方式

我们同“人”也有交往，我们衣着简单，别人能辨认、关注和寻找我们，就这样我们进入伪装的人群中（他们当然不这样称呼自己），我们同所有的假面具一样，礼貌地让人们消除对我们的好奇心，包括对我们衣着的好奇心。

“交往”的方式有很多，比如，想摆脱他们，让他们害怕，就扮鬼，这个办法很见效。试试吧，谁也抓不到我们，他们会因此害怕，或者当我们从紧锁的房门穿越，在熄灯后，在我们死后，人们都会害怕我们。后者是能人死后的技巧。（这些人会说：“你们想什么呢？我们如果不清楚自己的变化，就会遭受怪异、寒冷和坟墓的孤寂，忍受地下的寂寞，这寂寞是生也是死，我们死后获得新生，成为活生生的人，啊，那是真的，我们死后的人。”）

06-25

在生活中运用数学思维

我们要力争将数学的缜密和严谨在其他学科加以推广，这样做并不是认为可以使我们对事物加以认识，而是为了界定好人与事物的关系。

06-26

过度的占有就会成为奴隶

人活着离不开金钱、舒适的住房、健康的体魄和充足的粮食，有了这些，人就能自立，就能生活。

但拥有也有度，一旦过分了，人就会成为占有欲的奴隶。为了更多地占有，人们就会花上大量的时间和精力，被物欲所操纵所束缚。

人生的意义并不在更多的竞争，也不在更多的占有。

06-27

用盗窃的眼光读书，这样的读者最糟糕

读书时一定要小心，不要做最糟糕的读者。最糟糕的读者，好像掠夺成性的士兵。

看他们非常随意地翻找着书本，那目光就像一个窃贼，他们在寻找对自己有用的东西，那些立马能用的东西。他们把有用的东西盗窃来，据为己有。

接下来，他们会把偷来的东西（那些他们认为有用的东西）当作书的全部，并向大家宣扬。这样做的结果不仅因为他们的曲解而使书变了味，对作者也是一种侮辱。

06-28

思维与内心粗糙导致词汇量贫乏

在生活中，我们总要向他人传递自己的想法和情感，也可能是自我思考。我们总是乐观地认为自己能充分表达自己的想法和想说的事情，尽管表达得不会很完满，但大部分内容还是能够表达充分的。

但我们总是习惯于利用已有的词汇来表达，也就是说已有的词汇量越少，表达得就越贫乏，就不能做充分的说明。同时，对于语言的质与量来讲，也决定了讲话者的思想和内心，即词汇量少者，其思维和内心也非常粗糙。

因此和优秀的人才交流，加上读书学习，就能提升自己表达的质与量，同时还能让自己的思维和内心获得充实和提升。

06-29

语言也是武器

人们都会用自己所掌握的词汇表达自己的意愿。如果词汇贫乏，说明我们的思维也是贫乏的。

掌握更多的词汇，就能拥有更多的想法。随着想法的增多，思考的范围也会扩大，思考的可能性也越大。这是人生中可以利用的最强大的武器。

掌握更多的词汇，有助于你在人生的道路上更顺畅地前行。

06-30

能从脸与身体上看到你的智慧

培养明智的思考的习性，就能在脸上绽放智慧的光泽。不仅在表情上，就连你的肢体都给人以智慧的印象。在人们的眼中，你的言谈举止都变得异常敏感。

精神风貌会让一个人的容貌发生改变。精神振作的人走起路来也显得朝气蓬勃，而精神萎靡的人则会垂头丧气。

七月

莫辜负生命中的美好

07-01

笨拙地舞蹈也比跛行要好

幸运而愚蠢总比不幸而愚蠢要好；笨拙地舞蹈也比跛行要好。所以，还是向我学习智慧吧：什么事情都有可取的地方，哪怕是最糟糕的东西也一样。任何事物都有好的一面，也有善舞的腿。因此我请求你们这些高贵的人们，学会用自己的腿站立。

07-02

随心所欲比瞻前顾后更快乐

随心所欲会带来快乐；瞻前顾后只会一无所获。

在工作、思想和生活中感受不到快乐，还有什么比这更糟糕的呢？

对自己在人们心中的口碑不必那么在意，不必在意那些蝇头小利，为了成为一个“善良”的人，让生命堕落下去，那不是等于扼杀生命吗？

07-03

共同生活是一件美好的事情

在一起沉默是美好的。

还有比这更美好的则是在一起微笑。

两个以上的人生活在一起，他们经历着相同的事物和感动，一起落泪，一起欢乐，共度时光。

有什么事情能比这更美好呢？

07-04

信仰能给人带来快乐

对于那些笃信本人道德的人，道德将赐予他幸福和快乐，但却不会施惠于高人雅士。高人雅士的道德是建筑在对一切道德的怀疑之上的。说到最后，还是“信仰能给人带来快乐”。请注意，不是道德带来快乐。

07-05

调整身心的最好方法就是睡眠

当你正处于自我否定的情绪中时，当你对周围的一切都感到厌烦时，当你对什么事情都感到百无聊赖时，你该怎样调整自己的身心状态呢？

去赌博？或者祈祷？还是放松？也许服用维生素药剂？抑或出门旅游？或者以酒浇愁？

看来这些都不是好办法，倒不如先吃个饱饭，再睡个好觉，最好比平时多睡些，这恐怕才是最有效的办法。

美美的一觉醒来，你会感到什么不快都烟消云散，精气神又回来了。

07-06

多和朋友聊聊天

和朋友多聊聊天，虽说是天南地北地随意聊，也不是简单的闲聊。自己的话，就是内心所想。和朋友推心置腹，从中能发现自己的所思所想。

把交谈对象当成自己的朋友，也说明自己对对方的尊敬，对朋友人品的认可。所以，结交好友，和朋友交谈，彼此尊重，这对提高自身修养非常重要。

07-07

该看之书

我们应该阅读这样的书：

阅读后，能感到它能改变世界。

能把我们引领向世界。

能让我们的心灵得到净化。

能使我们从新的视角提升对爱和美的认识。

07-08

到户外去

我们不只埋头读书，我们的思想也不是从书本中产生的。我们习惯于到户外去思考、散步、跳跃、攀援和舞蹈，最好的选择是在寂静的山野，或者在海滨。在这样的地方，就连小路也会呈现出思考的样子。说到书本、人和音乐的价值，我们不禁要问：“这些会行走吗？会舞蹈吗？”……

07-09

美与丑，没有被发现就等于没有

我们对美的感受是有条件且受到一定限制的，没有什么比这更受局限。

假如脱离了人对美的愉悦去观照美，那就马上丧失了根据和立足之地。

07-10

要对科学怀有热情

即便缺乏新的热情，也就是对知识的追求，科学依然会发展壮大。现在，无论是相信科学还是迷信科学（这种迷信有利于科学，它现在掌控着各洲，而过去是宗教在起掌控作用），都很少有对科学的热情。科学也没有被看作求知的热情，只是现状和“风俗”而已。确实如此，人们只是对知识抱有好奇心，对这样的“风俗”习以为常，但这就足够了。有的人是为了名声，也有很多人是因为无聊才去读书，去收集、整理、观察和转述。这些人对知识的需求，完全出于闲得无聊。

07-11

在隐退中与他人同乐

隐退是活下去的好办法。对那些被称为最重要的事物不必在意，将三百年的时光置于你和当下之间，将当下的喧嚣，也就是战争和革命的喧嚣，当作是对你的轻声细语，你也会向他人伸出援助之手，但只是对于你所了解的那些生活在痛苦中的人提供帮助，这些人和你抱有同样的希望，换句话说，你是向好友提供帮助，并且是像帮助自己那样帮助朋友。我要让他们变得更加勇敢、坚强、纯真和愉快！我要向他们传授当下对很多人属于陌生的东西，这也是宣扬同情的人最不了解的东西：同乐！

07-12

不享受不该享受的东西

那些具有高贵灵魂的人会提出这样的要求：不要那些没有通过自己的努力而得到的东西，至少不要没有经过努力而得到的生活。

对于那些乌合之众来说，他们就想得到那些不经努力而得到的生活，但像我们这些生命将自己给予我们的人，我们常在考虑的是如何做出回报。

这确实是一种非常崇高的思想，它这样说："对于生命许诺给我们的东西，我们理应为生命而保护好。”

凡是你不该享受的地方，你就不该享受，也可以说连想也别想。

07-13
以艺术家的眼光去规划生活

人们都渴望过上幸福舒适的生活，那就向艺术家学习吧。比方说，画家非常在意物品的摆放，有的东西要有意放在远处，有些东西人们只能斜着才能看到，还有让物品能反射阳光，构成明暗的色调等等。

说实话，我们在日常生活中也是这样规划的，也就是室内的装潢布置。家具的摆放不只是为了使用的方便，还要考虑到让它们烘托美好的氛围，不然的话，生活就显得毫无秩序。

我们还可以根据个人的喜好对生活和人际关系加以规划。

07-14
朋友间既要同欢乐，也要共患难

与我们同欢乐的人，比起与我们共患难的人更靠近我们。同欢乐能够结交“朋友”（同欢乐的人），而同情则使人们能够共患难。

07-15

千万不要把婚姻搞得非常糟糕

要注意你们的婚姻。千万不要把婚姻搞得非常糟糕。如果是匆忙地结合在一起，就很容易造成一场失败的婚姻。哪怕选择婚姻破裂，也不选择性质扭曲的婚姻和欺骗。有个女人这样讲：“我选择了婚姻破裂，但首先是婚姻使我破裂。”

据我的观察，不登对的夫妻最容易心怀仇恨，为了自己不再孤单，他们宁可让全世界都来为他们付出代价。

基于此，我希望具有正义感的人彼此这样讲：“我们相爱：我们都来努力维护好婚姻关系，不然的话，我们最初的誓言不就成了一个罪过了吗？”

07-16

遗弃者的快乐

有人将一个东西扔了，很长时间过去后，偶然又看到了它，他还以为是自己的新发现呢。那些以为自己有所发现的人总是感觉很幸运。

希望我们比那些蛇类聪明些吧，它们在太阳下晒的时间够长了。

07-17

寻找与创造

A：对于你，我是否完全理解了？你还在寻找什么吗？在现实的世界里，你的归宿在何方？在哪里你才能沐浴到阳光，享受到无尽的舒适，证明你存在的价值？我仿佛听到你在讲：但愿我们各奔前程吧，不要再做空谈，不要再为他人和社会多虑。

B：我想要做的不止这些。我不是寻找什么。我要创造一个太阳，属于我自己的太阳！

07-18

婚姻与后代

你年轻，你渴望拥有自己的孩子和婚姻。但我要问：你有什么资格拥有孩子？

你是个胜利者和自我克制者吗？你能掌控自己的意志和美德吗？

也许你的意愿是出于动物的本能，是生理的需求而已？或许是自己太孤独？还是直接内心的冲突？

我希望你是出于胜利和自由才渴望拥有自己的孩子。你应该为自己的胜利和解放建造一座活的纪念碑。

你要超越自己来建造，首先要塑造好自己的形象，肌肉和灵魂要棱角分明。

你不光要繁衍后代，还要向上，让婚姻来帮助你成功吧。

你要塑造一个更高等的肉体，一个第一运动，一个自转之轮，你要创造出一个创造者。

我认为婚姻就是成双意志，这样的意志要求创造出比创造者更高的一。我认为婚姻就是心怀成双意志的人彼此之间的敬畏。

07-19
友情是一种爱的延续

爱在世界各处延续着，在这样的延续中，两个人的意愿都指向了另一个方向，指向更高的目标，这是一个高远的理想。但对这样的爱情有谁熟悉呢？又有谁经历过呢？它的正确的名称应该是友情。

07-20
保持快乐的诀窍

我们经常需要用沉思和忘我来使自己沉静下来，而远离艺术家也让我们自我嘲弄和伤害，我们一定要发现隐藏在追求知识热情中的“英雄”和“傻子”，我们一定要经常地为自己的愚蠢而高兴，只有这样我们才能在智慧中保证自己的愉悦。

在思想上我们意识到自己的稳重与严肃，自认比别人重要，没有什么会让我们变成傻瓜的花帽和钟铃。所有傲慢、张扬、狂躁、嘲讽、稚气与欢乐的艺术，这些我们都需要，这样才能避免失去理想对我们要求的主权。

但我们也许会忘记这样一点：即使稳重的人，他也有欢乐的一面。

07-21

快乐也蕴含着痛楚

与禁欲主义或伪善相比，情欲要好多了；即使是表现得有些邪恶的率真，也要好于对传统道德抱守旧的态度并因此丧失自我；追求自由的人会像成为恶一样成为善，而放弃自由的人，却是对本性的叛逆和玷污，自然也就无法享受到本来应有的快乐。

最后，所有追求自由的人一定要做完全的自己，自由不会随意从天而降到你的头上。

所有的快乐都带着新生儿的味道，它们既带着痛楚，也带着欢乐。

07-22

真正的艺术是什么样的

一切艺术形式都能够强身健体、激发快乐，还能激活所有敏感的记忆，也就是进入这种状态的特殊记忆。这时，那些已经远去的、消逝的和所有奇异的记忆，又都呈现在我们眼前。

丑恶的东西，与艺术相矛盾的东西，从艺术中清除出去的东西，所有这些都是对艺术的否定。一旦人们的衰弱、贫乏、无力、散漫和腐败被激活时，美学之人就会表现出否定的态度。丑恶使人沮丧，这是因为丑恶与沮丧一样，它让人的精神涣散，让人郁闷……丑恶的东西总会暗示丑恶；按照人的健康状况能够做出检查，尽管逆境造成丑恶的程度有所不同。因为事物、兴趣有所不同，因此也会有不同的选择。逻辑会产生丑恶的状况，也就是笨拙。在这种情况下，就不会存在机械意义上的平衡了。这是因为丑恶使人的行动迟缓起来。

07-23

严肃的手艺令人敬畏

有些人天赋有限，但他们却赢得了伟大的声誉，成了人们心中的“天才”，当然，大家也知道这些“天才”的素质尚有缺陷，但并不声张。

对待严肃的手艺，人们一般会非常小心，那是因为他们担心会在这种手艺的人面前显得自愧不如。

07-24

快乐与否来自自身的思维

人们总会有这样一种认识，就是快乐与否都来自外界。但这种感受其实只是来自人们自己的思维。

举例来说，当我们完成了某件事情，我们也许会这样想："早知当初就做了"，一种不爽油然而生。反过来呢，我们要是认为"正因为自己做了，一切才顺利完成"，这就让我们有了快乐的感受。

这两种做法中，我们总会从中选择其一，所有才有了上述的不同感受。换句话说，构成这种思维方式的前提条件，就是对两种思维我们有选择的自由。

如果没有这种自由选择的机会，在现实面前，人们将失去快乐与否的体验。

07-25

让他人喜悦就是让自己喜悦

把快乐带给他人，自己也能从中享受到快乐。

不管事情如何微小，只要能给他人带来欢乐，就会使我们从中得到满足。

07-26

因为担心漂浮不定，所有要寻找稳定的地基

构成生命的基础是相信持续和有规则循环的东西，生命力越强大，这个可猜测的、仿佛存在的世界就越宽广。对于生命来说，逻辑化、理性化和系统化，都是辅助手段。

人都有求真的欲望，也就是某种外在的“目的”，这个目的又被人们强加给了周围的世界。这种方法有助于将繁杂的世界简化，同时也给人们带来一些虚假的慰藉。

人类作为创造者，他们需要一个为之加工的世界，并预言这个世界的样子：对人类来说，这个预言（对真理的“信念”），就是一个支柱，犹如惊涛骇浪中的人，抓住了岸边的杂草，稍稍定神后，便急切地从波涛中逃命。

对漂浮不定的环境，人们都有一种与生俱来的恐惧感，在人的一

生中，没有谁能逃避这漂浮不定的环境。

07-27

生活需要音乐

我向自己发问，音乐对于我来说究竟意味着什么？

按我的理解，音乐对于我来说，就意味着身心放松，人体功能经过轻快、勇敢、自信、豪放而达到加强，就像铅一样沉重的生活，经过柔美、可贵的和谐而变得美丽。我的郁闷期盼着在一个完美的隐匿场所和悬崖边缘歇息，为此我需要音乐。

07-28

焦躁会导致人生的困境

恋人之间，战场上，彼此相互尊重时，总会有一方要承担起许多种种的麻烦事。

这样的人都有这样一种性格，就是焦躁。

无论处在何种场合，焦躁的人总会在事情尚未了结时便急于做出反应，这种多余的言谈举止常会坏事。于是，就是再平常不过的事情，到了他们那里也会复杂化，无端生出许多麻烦。

07-29
两种不同的幸福

这个人年轻，擅长即兴表演，这令人惊异。虽然表演像冒险，但他从未失手。人们联想到音乐大师的即兴表演，那手有如神助，不会出错，即便像常人那样出错，也会巧妙地加以掩饰，并不影响演出，甚至还因此给作品赋予了新意和神韵。

还有一位正相反。只要是计划好的，结果都失败了。他沮丧，他像站在悬崖边上，面临毁灭。如果他摆脱了厄运，其损失也许不算大。他很不幸吗？但他主意已定：他不看重希望和计划，他说："这个失败了，那个也许就成功了；在失败和成功之间，我更感谢失败。我是天生固执、天生另类吗？我的生活价值和生活成果在别的地方，我的自尊心和痛苦也在别的地方。因为常常差点失去生活，所有我从中明白了许多，也得到了很多。

07-30

新生命的火花

在痛苦中挣扎的灵魂，为了承受这苦痛，就要焕发出新生命的火花。正是这股迸发出的火花激活了人的生命之光，它使痛苦中的人们避免了为逃避痛苦而萌发的自杀念头，使得他努力生存下去。这样的人在心境上和健康人不同，对于世俗的价值观他是非常鄙视的，他会激发出从未有过的最高贵的爱与情操，这种心境只有从地狱般的痛苦中挣扎过来的人才具备。

07-31

快乐是富有的

所有的快乐都要求世间万物是永恒的，蜂蜜、酵母、沉醉的夜晚、金色的晚霞、墓地和墓地上泪水的安慰，到处都有快乐的影子，它比任何痛苦都更饥渴、更可怕、更神秘、更发自内心，它甚至更需要自己，于是它撕咬自己，身上蠕动着坏的意志。

它既要爱，也要恨，它很富有，它既赠予也会抛弃，它恳请别人把它拿走，还对那人充满感激，它也很想让别人恨它。

快乐是富有的，它对痛苦、地狱、憎恨、羞辱、残疾者和全世界都充满了极大的渴望，这个世界就是你们意识中的世界。

八月

人生的真相

08-01

所谓“真相”，其实早就存在于生活中

在生活中，人们不会再有所发现，他们只是将原有的东西放进去，然后再去发现它们，就像儿童游戏一样，这竟然被称作科学。

相反的话，如果我们继续这两样事物，那么对比就要有勇气：其一是再去发现的人，还有就是继续往里放东西的人。

人类最终发现的是自己加进去的东西。再发现的是科学，而加进去的则是艺术、宗教、爱，还有骄傲。

08-02

人生只有过程

人生的目的是没有的，人生只有过程，所谓的终极目的也是不存在的。——人生很像一棵树木。对于树木来说，越想伸向高处，就越要向下扎根，要扎向泥土黑暗的深处。对于我们来说，飞得越高，在那些不明白飞翔原理的人看来，我们的形象就越是渺小。

08-03

三件最坏的事

肉欲、权力癖和自私这三件事，截止到现在最被人们所诅咒，它们最喜欢欺骗，它们的名声最坏。

08-04

喜悦并非都是有益的

我们的喜悦对他人来说是否有益呢？

我们的喜悦会不会让他人增添不甘和伤痛呢？会不会对他人造成

侮辱呢？

我们所感到的喜悦，是真正值得喜悦的事情吗？

我们的喜悦是不是建立在他人的痛苦之上的呢？是不是仅仅满足了复仇心、轻蔑，还有歧视？

08-05

我们在很多时候看到的仅仅是情绪而不是事实

对于事物的本质所在，我们很多人并未有所洞察。

人们常常会沉溺于自己对事物的推断，由此产生的只是自己对事物的感性认识或主观臆断。

这样看来，我们只是把事情的真相藏到了身后。

08-06

居高临下的人常会说“我没有恶意”

对于一个强者来说，他的内心总是充满着喜悦和贪欲，他力求将某些东西变成自身的功能，他们内心沾沾自喜。

希图贪婪的弱者，则乐于具有某种功能。

前者从本质上说就有缺憾：遇到弱者就想要吃掉。

我们应该牢记“强”与“弱”，它们都是相对的。

08-07

心怀憎恶的人，生命力一定衰弱

心怀憎恶的人，脑海中总会浮现出枯竭、笨拙、衰老、疲惫的影像，所有让人不能支配自身，痉挛或瘫痪，尤其是解体和腐败的气味、色彩、形状等等，即使最终都弱化成一个记号，也会让人引起条件反射般的反应，那就是厌恶。

在人的这种厌恶反应中，既有审慎，有惊恐，也有忧伤和深刻的思考，而对“珍爱自己的生命”这一点却忽略了。

确切地讲，心怀憎恶之情的人，他们早就将生命置之度外，他的生命力也早就烟消云散了。

08-08

成功者会伪装他的短处

在人们的眼中，成功人士似乎处处高人一筹，而且运气也好，思想和行动都是高效的，无论做什么事都胜过别人。其实，成功人士也是平常人，他们也有缺点和弱点。

但他们的缺点和弱点一般会隐藏起来，或者把它们包装成自己的长处。在这方面，成功人士的手段实在高明。

他们之所以能做到这些，是因为他们很有自知之明，很了解自己的长处和短处。我们大多数人一般对自己的缺点和弱点熟视无睹，但成功人士却总能发现它们，还善于理解和接纳它们，这就是成功人士与众不同之处。

08-09
对于我们来说，生活就是一剂灵丹妙药

假如我们和思想家一样，总是生活在思想和情感的世界中，即使在梦中也处在思想和情感的包围中，那样的话，我们就会对生活充满渴望，希望在生活中得到宁静和休息，也有人正相反，他们希望的是脱离生活而去思想，用这样的方式获得休息。

08-10

真诚是有限的

即使一个最真诚的作家，当有句话需要补充时，他也会无意中遗漏某个词。谁能完全彻底地真诚呢？真诚也只是有限的部分。

08-11

自制与作茧自缚

道德师爷总在叮嘱人们要竭力克制自己，这样一来，人们反倒容易患上一种古怪的疾病，就像身上什么地方刺痒了，本能被不断地冲动，兴趣被不断地刺激。无论是内在还是外在，人们被引诱和刺激的东西实在很多，以致人们对自己难以克制。这样，人们就开始对自己的本能和欲望产生了怀疑，认为一任本性的发展是不妥的，于是就停留在那里，做出一副警惕的样子，以便约束自己，带着敏锐和怀疑的目光，坚守着自己的堡垒。

为此他可能会变得伟大起来，但在别人眼里却是可憎的，这真是作茧自缚，将心灵中美好的东西割裂开来，这是多么可怜，谁也说服不了他，因为他学会了不属于他的东西，而将自我丢掉了。

08-12

恐惧感产生于自我的意识

恐惧感会衍生出四分之三的人间之恶。一旦内心有了恐惧感，就会为许多事情而痛苦。同时，恐惧感还会让你对未知的事情而恐惧。

但只要你发现恐惧只隐藏在你的内心，是你自己内心制造出来的，认识到这一点，你就能很轻松地改变它。

08-13

伟大和美好的东西要隔着距离去看

这座山峰让被它笼罩的地区变得景色优美、被人们高看。这样的话我们都说过一百遍了，这样也就失去了冷静，还对它愈加感激。这座山峰在这个地区就成了最具魅力的所在，于是我们登上山峰。没想到，上去后却觉得没有激发出我们的兴致。脚下的山峰，还有周围的所有景色，都瞬间失去魅力。

这是因为我们忘记了，任何伟大的东西，任何美好的东西，只有相隔一段距离去看，而且只能是仰视，俯瞰是不行的，这样，我们才能发现它们是有魅力的。可能熟悉的人是因为你离他很近，但人家或许更希望你站在远处看他，这样他才能保持自身的魅力，这样也才能对他人产生影响。对他们来说，所谓自知之明，他们是绝对要拒绝的。

08-14

两个人的力量

单个人总有错，所以两个人才产生了真理；单个人不能证明自己，所以两个人就没有谁能反驳他们。

08-15

尊严的愚昧

认真是必要的，也是一种普遍的平常的要求，但对于一次看来很挑剔的尝试，就会发现这实际上等于粗俗。

对高尚的追求，或许就等于某种愚昧。

08-16

缺少魅力

一个缺少魅力的人，他清楚地知道这一点，同时他也知道怎样巧妙地掩饰这一点。

严格的道德约束，忧郁的眼光，对人和生活缺乏信心，粗俗的谈吐，对美好生活的蔑视，伤感和矫饰，还有犬儒哲学，这些都成了他掩饰自己缺点的面具。

说实话，由于对自身缺少魅力这种认识的不断加深，这倒使他形成了某种魅力。

08-17
满足就是奢侈

在当今人们的眼里，“epicurean”这个单词指的就是“享乐主义者”或者是“快乐主义者”，其实，这是一种误解，这个词的源头其实是古希腊哲学家伊壁鸠鲁追求快乐的一种生活方式。

在伊壁鸠鲁看来，“满足”就是一种奢侈，这是一个顶点。但这种奢侈所需并不多，也就是一个小花园，加上几棵无花果树，再来点奶酪，外加三四个朋友。

有了这些，就足以使人感到奢侈了。

08-18

真实的体验是无法用语言来表达的

当我们用语言展示自己时，我们便对自己的评价就不再充分。

对于我们真正的体验，绝不是三寸不烂之舌能表达出来的。

动物也有理性，它们也有自我表达的意愿，但因为缺乏词汇，还是不能充分发现自己。

当我们用语言做描述时，它们的体验便已经失去意义了。

在所有的言谈中都会表现出一点蔑视，就是对真实体验的蔑视。

语言仿佛只是服务于那些平均的、中庸的和可传达的东西。

人类那些隐秘的、丰富的和情感的细腻，还有那些稍纵即逝的情绪，都是语言难以表达的。

讲话的人、那些痴迷于语言表达的人，正是语言使他们变得平庸了。

08-19

内心空虚的人要用幻觉来填充

想象一下内心空虚精神衰颓的人会是个什么样子呢？

他会否定自我、否定自然、否定自身真实的存在。

他从自身发现了一些东西，他把这视为一种肯定，一种可能的、真实的、生动的东西，这就是上帝，这就是上帝的审判和惩罚，就是彼岸的世界，就是永恒的苦难，就是地狱，就是永无止境的惩罚和无法偿还的债务。

08-20

走捷径的结果往往是容易走弯路

“捷径”往往会给人带入险境，人们总是在发现这条捷径并欢呼着走向它的时候就开始迷失方向。

08-21

伪装成为一种本能

在善良的发展进程中，努力显得善良的伪装作用最突出；强权存在之处，那里的人们就会把伪装视为某种责任。

人们通过伪装感到了信任，获得了安全感，自然力量感也百倍地增加。

对于善良来讲，谎话即使不是亲妈，也一定是善良的保姆。

同理，正直的品格也是被正直和诚实的奶水抚育成长的；在世袭贵族那里也是这种情形。

伪装的东西时间一长就变成了天然的东西，到头来居然超越了自身，从伪善的园中竟然结出了官能和本能的果实。

08-22

人们丧失正确判断的缘由

导致人们对于一件事情的认可，其原因有三：

第一，是对事情的无知。第二，类似的事情普遍存在。第三，事情依然发生。

善与恶会造成什么利弊，有什么正当的理由，这不是判断是非的标准。

这样一来，人们也就认可了传承、循环和政治。

08-23

对待批评要敢于接受

蘑菇是在潮湿阴冷和不通风的环境中生长繁衍的。

在我们人类也会出现这样的情形。在一个封闭的环境中，在批评难以进入的封闭空间，也一定会出现腐败和堕落的现象。

批评不一定就意味着猜疑和难为你。批评就像风一样，虽然吹在面孔上感觉很凉，但它能使环境变得干燥，能够防止邪恶细菌的繁衍。因此，我们应该欢迎批评。

08-24

规则既能改变环境，也能改变人心

为了营造秩序，为了预防不测，为了减少险情，为了提高效率，人们创造了规则和法律等等。

规则的问世又衍生了新的问题，这与规则问世之前的情形截然不同。

即使把那些规则废除掉，也无力再回归规则问世前的局面。规则能使环境改变，也应该使人心改变。

08-25

干坏事的原因是没有自爱

大凡作恶之人，他们都有个共同点，那就是对自己的厌恶。

因为厌恶自己，所以才去干坏事。坏事当然会殃及自己，伤及自己，也会导致对自己的惩罚，所以他们在自我毁灭的路上越走越远。

除此之外，干坏事的人对自身的厌恶和复仇心，也会给周围的人带来灾难。那些沉溺赌博的人就因为自己的沉沦而殃及周围的人。

因此，对干坏事的人我们不能袖手旁观，不能任凭他们胡作非为，而应该尽力阻止他们，让他们不再自我仇视，应该懂得自爱，不然的话邪恶就会膨胀开来的。

08-26

朋友们都各奔东西，但也要信奉友谊

曾经的好朋友，现在却形同陌路。事实是难以隐瞒的，也不必羞于启齿。

我们是有各自目的地和航线的两条船。在航行中我们会交会，一起庆祝节日，我们已经这样做了。之后，两条勇敢的船就静静地停泊在海港的阳光下，我们好像都达到了自己的目的。

但我们还有着各自的使命，很快又驶向不同的航线。也许我们不再相会，因为海域不同，阳光不同，它们改变了我们。

我们势必会变得陌生，这是驾驭我们的准则，我们要彼此尊重，珍重友谊，茫茫无际的曲线和星际轨道，我们各自的航线和目标只是其中之一而已。我们应该升华到这一理念的高度。

人生是短暂的，我们的视力微弱，我们不能超越高贵的友情。还是让我们信奉星星般的友谊吧，哪怕我们会成为地球人的敌人。

08-27

生造词汇，动机是对世界的怀疑

在那无知起始之处，在我们的视线之外，我们就会生造词汇，比如“我”、“做”和“受苦”等等。

所有这些可能就是我们知识的地平线了，但还不是“真理”。

08-28

所谓理解，只能发生在同类之间

欣赏你的人，也正是与你相似的人。当然，你也会欣赏和自己相似的人。

如果不属于同类，理解起来就很难了，也很难判别其善恶。欣赏与自己相似的人，其实也是对自己的认可。

人是有层次可分的。理解和欣赏，或者以婉转的形式表达出的自我认可，也都发生在同类人中。

08-29

所有的大爱，都不要求爱

如果你不选择爱，那就选择仇恨吗？我认为这种风气实在很坏。可是这个来自群氓的绝对者就是这样做的。

他只不过爱得不是那么强烈，不然的话，也就不会因为人们不爱他而生众人的气了。所有的大爱，都不要求爱。

08-30

避免错误的心理观点

1. 所有的痛苦和不幸都被不正当的行为（过失）搞得变了样（因为人们把痛苦的无辜给剥夺了）。

2. 所有强大的快感（纵情、快感、凯旋、骄傲、莽撞、认知，自信和自在的幸福）被加上了罪名，认为它们是诱惑和可疑的。

3. 软弱感，发自内心的胆怯，把缺乏自信硬加上神圣的名义，以此来教导人们说这是很值得希望的。

4. 人身上所有的优秀品质都被加上非我的名义、为了别人而做出牺牲等名义；对于智者和艺术家来讲，非个性化也成了他们最高认知和能力的原因。

5. 爱情被扭曲了，被冠以献身（就像利他主义），而爱情应该是双向的（双方的），也可以说是由于个性充盈而发生的奉献。一个完人才会给别人以爱；缺乏个性的人、“客观的人”是最不幸的恋慕者（——可以了解一下雌性）这在上帝之爱中也是适用的，也适用于对“祖国”之爱。这是因为人们需要有充分的自信。（利己主义属于自我化，而利他主义属于仁化。）

6. 生命就是惩罚，幸福就是诱惑；激情就是着魔，自信就是对神的亵渎。

08-31

以习惯制造因果，替本能寻找借口

快乐和郁闷的情绪系统会有分支，它们表现得非常精细，我们的细微活动也是这样。

思维长久以来都认为自己是完全有意识的，它清楚愉快和郁闷的起因。

天真幼稚的人们还在以为我们对自己的欲望是清楚的。

其实，人们在有所行动前，原本只能想象出能对我们的行为做出解释的一些可能，这还取决于我们的认识水准；但究竟是什么才能让我们有所行为，我们从行为本身也看不出什么，从来就不清楚。

不管是行动前还是之后，人们都依据人的动因这个常规对行为加以解释。

当然，这个解释或许有合理的因素，但从解释中你找不到促使行为发生的根据。

给自己做个规划，就是说给欲望勾画一个思维形象。如果说思维形象在思考欲望，那是根本不可能的。

九月

我思故我在

09-01

思考应该是快乐的

多数人的智力就像一部笨重陈旧的机器，运行起来还嘎嘎作响，这样的机器真令人厌烦。人们启动这样的机器进行认真的思考，被称之为“认真对待事物”。啊，认真的思考，在他们那里一定是件很烦琐的事情。

人这个可爱的动物一旦陷入沉思，良好的心绪好像就不见了，只剩一脸的肃穆。“笑声和愉悦存在的地方，思维就失去了灵性。”看吧，这些严肃的动物对所有的“快乐的科学”都持有偏见。

09-02

假如你要真正地思想……

假如你要真正地思想，你就要修炼出以下的品性：

一定要同时具备高等和低等的追求；

一定要在多方面具有好奇心；

一定要公正诚实，同时要爱憎分明；

一定要做到不仅做个旁观者，也要勇于开拓创新；

一定要有丰富的语言向众人展示，语言的表达要有力度，要强势。

一定要随机应变。

09-03

在不会飞的人看来，飞得越高就越渺小

当我们飞得越来越高时，那些不会飞的人就会觉得我们越来越渺小。

09-04

声名是怎样产生的

当人们对某人的感恩之心驱散了所有的羞耻心，此时，就诞生了声名。

09-05

把别人当成跳板，自己也是别人的跳板

从前，人们把国家学说看成是一种精明的功利说：因为如今这已经成为了现实。过往统治的时代已成旧事，没有谁还看得上国王。

这是因为没有谁再愿意将国王视为自己理想的最初的象征，而仅仅是作为自己为达到目的而实施的手段。

全部的真理就在这里。

09-06

生活是获取知识的途径

生活没有使我失望，绝对没有！在年复一年的时光流逝中，我感到生活越发实在，更加神秘，更加值得贪恋。这样的感受缘于一种理念：生活就是求知者的试验田，它不是义务、灾难和欺骗。这样的理念就是伟大的解放者。

对于某些人来说，知识也许就是休息的床铺，或者就是一条达到休闲的途径，或者就是为了消遣，或者无聊时的打发时光；对我来说，知识是个这样的世界，它既充满危险，又预示着胜利。在这里，英雄找到了用武之地。

“生活是获取知识的途径”，有了这样的原则，一个人就有了勇气，就有了快乐，就会开怀大笑。笑对生活的人，难道不是个善于战斗并能获得最后胜利的人吗？

09-07

玩世不恭的人对他人总是心怀憎恨

那些对工作认真负责并业绩突出的人，他们都有一颗宽广的胸怀，对同行和竞争对手都比较宽容。

但那些对工作不负责任，仅仅是为了金钱而应付差事的人，他们对竞争对手则会抱有毫无根据的嫉妒心和怨恨。

玩世不恭的人也一样，他们对别人大多心怀憎恨。

09-08

斜坡比高处更可怕

高处没什么可怕的，倒是斜坡令人恐惧。

站在斜坡上，向下望去，手却向上攀援。此时，支配你的是双重意志，你被支配得晕头转向。

啊，朋友们，我的双重意志你们恐怕也猜出了吧。

我的眼光从高处落下，但我的心却想抓住、支撑在深处。我的斜坡就在这里，这就是我的危险的境地。

09-09

痛苦是幸福的医生

我的幸福是愚蠢的，它说出的也是愚蠢的东西。它还年轻，所以，请你们对它耐心些。

我被我的幸福伤害了，在我看来，一切痛苦者都是我的医生。

09-10

宁可一无所知，也不要一知半解

我宁可一无所知，也不要一知半解。宁可自己做主做个傻瓜，也不要做一个人云亦云的智者。

精神良心要求我明白这件事，不然的话就会一无所知：那些对精神似懂非懂，模模糊糊，和所有虚幻的东西，都是让我讨厌的。

在我虚伪的地方，我就盲目，这是我乐意选择的。但在求知的地方，我则要求诚实，要求严格、专一、冷酷和无情。

09-11

没有规律的深刻思想

如果所有的星辰都在思想家的内心轨道上运行，这样的思想不是最深刻的；对自己的洞察就像对无限的宇宙的洞察，还要将银河系纳入自己的内心，这样的人才清楚，银河系也是没有规律可循的，它造成了混乱和迷宫般的局面。

09-12

哲人们所抨击的愚昧

“个人主义对你的一生将是不幸的”，这样的说教已经盛行几千年了，就是它剥夺了个人主义的很多智慧、欢乐、想象力和美，它愚化、丑化和毒化着人们。也有不一样的情形，比如古代的哲学就启发人们，告诫人们不幸的原因并非如此。自苏格拉底开始，历代的思想家们都会这样教导人们：“你们缺乏思想，你们愚昧，你们墨守成规，无条件地跟随别人，你们没有幸福感和欢乐，原因就在这里，而我们的思想家才享受着幸福和欢乐。”

在这里，对以上反愚昧的教诲和反个人主义的说教，谁的理由更充分，我们姑且不论，但我们可以肯定的是，反愚昧的教诲确是抨击了愚昧意识中那自我感觉良好的嘴脸，是哲人们抨击了愚昧。

09-13

敏感的本能

一直以来，人们将有意识的思考看作思考的全部。我们现在逐渐清楚了，大部分的思维活动都是我们在无意识、没有感觉的状态中进行的；但是我还是认为，这些彼此相克的本能，它们都非常敏感，总在设法给对方找麻烦。思想家常常感到心力交瘁的原因就在这里。

09-14

语言，意识，交流

人和所有的动物一样，时刻都在思索着，但自己却并不知觉。能成为自觉思考的只有其中最小的一部分，也就是最表层也是最简单的部分，这是因为有意识的思索需要通过语言来实现，这样就揭示了意识的起源。简单来说，语言和意识的发展（不是理性的发展，而只是理性的自我意识的发展）是同时进行的。这里还要补充的是，人与人之间的交流，除了语言之外，还包括了眼神、表情或紧急状态，这些都能成为沟通的途径。对自己的感官印象，我们在逐步加以认识，这种印象被固定和表现出来的能量在增强起来，这种力量就是一种强迫，它通过符号将感官印象传达给他人。

09-15

两种被混淆的动机

我进步了，我学会了区别一般动机和既定的、有指向性的行为动机。

第一种动机是量的积聚力，为了某个目的而迸发；第二个正相反，如果以积聚力来衡量，它很微弱，是偶然因素，因为偶然，所以是以既定的方式“爆发”，就像火柴和火药桶的关系。把“目的”和“生活职业”看作这类小的偶然和火柴，与那些巨大的能量相比，它显得随意、冷漠和无所谓。

人们的看法正相反，他们习惯将目的（目标、职业等）当作推动力，这是原始的错误造成的。目的只是指引力。人们将舵手和轮船混淆了，舵手不是指引力……“目标”“目的”还不是美化自己、装点门面的借口吗？虚荣不承认船随水走，船偶然进入水中，不承认船有方向而没有舵手吗？

可见，对“目的”还要审视。

09-16

逐渐积累的适应性恶习

这些家庭的生活正处于不断变化的压力和逼迫之下，他们依附于他人，他们入不敷出，为了生存，他们痛苦地挣扎着，他们逼迫调整着自己的身心，以适应新的环境，同时不断扮演着新的角色。时间久了，他们就养成了见风使舵的本能，惯于“藏猫”游戏，成了这种游戏的大师。在动物界，这种游戏被称为保护色或适应能力。现在，这种技艺也融入人的血肉之中。终于，代代延续下来的适应能力成了一种专横的东西肆虐开来，它成了一种掌控一切的本能。

09-17

攻击与掩饰

我们总是希望用爱来超越嫉妒，我们经常去攻击某个敌人，彼此成了仇人，为的就是将我们被攻击之处掩盖起来。

09-18

细致的交流有助于思维方式的发达

对于交谈，不是那种无关紧要的琐事的交谈，而是针对某件事情所做的认真细致的交流，对于这样的交谈，我们要给予足够的重视。

这样的对话能让你清楚地意识到自己当前所关注的问题，对于遗漏，你也能有所警觉，认清问题的关键所在。这样的交谈能够使你的思想更成熟。

如果一个人只是独自慢慢思考，不仅会浪费很多精力和时间，也没有任何结果。

所以对话有助于你的思想的成熟，互助是有益的。

09-19

研究语言的人将语言置之死地

人们常常认为有的书很有价值，很贵重，对它们的诠释要动用所有的学者。经过学者们的努力，使这些书籍再现出通俗易懂的面貌，这个结果就是语言学家的目的。

我们可以假设像这样的稀世之才还不算短缺，他也确实懂得怎样来使用这种价值高贵的书籍。

那些人或许就是他们完成的这些书籍，抑或他们有这种能力但没有动手写。

语言学的前提是高贵的信念，也就是为了少数“将要来临”的人的利益，很多很痛苦很卑贱的工作，都一定要提前完成。

09-20

同一把钥匙，在不同人的手里就会产生不同的功效

杰出的人物会在思想中赋予重大的价值，而在庸人眼里却是可笑的。对于前者来说，思想就是开启秘密宝藏的钥匙；而对于后者来说，那就是废铁一块。

09-21

自负的艺术家

艺术家并不了解他们究竟最擅长什么，他们傲慢好强，精力都放在那些高远的东西之上，这些东西比那些美丽、新颖和珍稀的小草木更能吸引他们的关注。

他们低估了自身花园与葡萄园的最高价值，他们的挚爱和洞察，性质完全是两码事。

与任何人相比，他们都更能找出压抑、折磨与心灵遭受苦难的特殊音调，甚至还能让沉静的动物说话。

09-22

有权但愚蠢的人犯错一定是致命的

愚蠢的人常给人一种没有头脑的感觉，但这种人也会在某些场合冒出一些坏主意，对事态的发展造成意想不到的结果。

假如这样的人还大权在握，那他所犯的错误一定是致命的。

09-23

人总在为自己寻找借口

对于同一个文本，可以有多种解读，但没有“正确”的解读。

同理，对人生的解读，也没有一个唯一的标准的解读，只有被单个人认可的解读。大家并不追求绝对唯一的标准，而是需要一种对自己的生活有益的解读。

09-24

意志与意愿

叔本华有这样一个假设：世间一切都是意志，这样就把一个古老的神话捧上了王位。对意志他似乎从未进行过分析，因为他和所有的人一样，都只相信所有意志的单纯性和直接性；而意愿只不过是某种常规的机制，所以很容易被人们忽略。对叔本华的观点我有这样的看法：第一，意志的形成，需要兴趣和没有兴趣的观念。第二，对某种强烈刺激的感受，也就是对兴趣和没有兴趣的感受，这就是解读事物的思考力，这是在我们无意识状态下完成的；这种刺激可以解释为对某件事是否感兴趣。第三，具有思考力的生物才具备兴趣与否的机能和意志；多数有机体则不具备。

09-25

对评判有利的东西

你认为某个东西是错误的，但最初也许曾经赞赏它，将其视为真理，或者觉得它可靠。现在你却否定了它，认为这是自己理智的胜利。

但回想最初的情形（你的表现不可能总是一样的），你对错误的认识也许就像现在一样坚定，因为它就像一层外皮，里面隐匿着很多你所看不到的东西，你的新生活否定了那种看法，而不是理性所战胜，你不再需要那种看法，因此它倒塌了，非理性如同虫子一样从里面钻了出来。

我们不能随意做出评判，也难免不客观，但它至少证明在我们内心还有着一股冲破那层外皮的活力。

我们一定要做出否定，因为在我们内心存在着需要肯定的东西，也许我们还认识不清它们，看不到它们，但对于评判将是有利的。

09-26

不要听信弱者的负面言论

“博学的人忘记了渴望。”今天，人们在幽暗的小巷中低声议论着。

“智慧让人倦怠，它不值得，不要渴望。”我发现这块新的牌匾挂在市场上。

兄弟们啊，把它打碎，将这新牌匾也打碎。厌世者和死亡的说教者，还包括狱卒将它挂在这里。因为，你看，这也是在讲人应该受奴役。

他们学得太烂，最好的东西没有学到，学得过早，过于着急。因为吃的太烂，胃口就受损伤，受损伤的胃就是精神：精神劝人去死。说实话，兄弟们，精神就是胃。

生命是快乐的源泉：对于受损的胃来说，泉水都有毒。

弱者的本质从来如此：他们迷失了方向。他们疲倦地问道：“怎么总这样走，这是徒劳的。”

他们爱听这样的话：“一切都不值得，你们不该有要求。”这实际上就是让人受奴役。

09-27

浪漫主义能够满足苦难中的需求

什么是浪漫主义？任何一种艺术形式和哲学都有可能当作治疗手段和辅助手段，为我们为之努力的目标和多变的人生服务，它们无不以苦难中的人们为前提。苦难中的人们可以分为两类，其一是因为生活过于奢侈而痛苦，这种人需要酒神的艺术，同时还用悲观的目光审视生活；其二是因为贫困而痛苦，这些人需要用艺术和知识来提供安宁、休息和自救，或者借助迷醉、麻木、痉挛和疯狂。所有的艺术形式和知识中的浪漫主义，都迎合了苦难中人们的这两类需求。

生活富足的有钱人，酒神，不仅对可怕和可疑的事物要加以审视，还要付诸行动，去做毁坏和否定。在他的身上或许会出现邪恶、荒谬和丑恶，这都是创造力过剩的结果，这过剩的创造力能量巨大，它让荒漠变成良田。相反，苦难中的人，生活艰难的人们，他们都需要温和、平静和善良，在思想和行动中需要一个上帝，一个能保护病人的上帝，一个“救世主”。他们也需要逻辑，需要对现实的感悟，逻辑能够安抚人，让人产生依赖感。总之，他们需要一个和谐的环境，在这样的环境中建立一个温馨、狭小、与世隔绝并能抵御恐惧的空间。

09-28

真理的意识

对于一切疑虑，我都会赞赏。我会冒昧地对怀疑这样讲：“我们来尝试一下！”但所有不允许尝试的事物和问题，我不会过问，我的“真理意识”就是这样的，因为在这个极限上，勇敢的权利丧失了。

擅长使用人才就不会轻易否定人

会用人的人，一般不会贸然否定对方，他们善于让丰腴的土地结出更多更好的人才硕果。他们拥有善于发现人才的目光和技能，他们懂得施用什么肥料，也懂得怎样施肥。

09-29

要具备科学家的严谨和清晰

只要具备了科学家的严谨和清晰，人就会积聚起全部的能量，在科学的事业中，他就能施展才华，有所作为。既然如此，他为什么还要在那秽浊的泥水中堕落呢？在那污浊的泥水中，他的翅膀被玷污了。不！对我们来说，委身在那污浊的泥沼中是窘迫的，我们活着就是为了生存于清纯的空气中，我们和光是竞争对手，我们渴望像苍穹中的尘埃，迎着太阳而去，而不是背离阳光。

但现在囿于我们的能力有限，我们只有尽全力去做力所能及的事情：把光明带给地球，让地球呈现“大地之光”。为了这个目标，我们要准备好羽翼、快捷和严谨的作风，唤起男子汉的勇气，甚至要像一股让人敬畏的烈火。让那些不懂得借助我们去给自己带来温暖和光明的人在我们面前发抖吧！

09-30

去冒险，挑战艰险

请相信我说的：要想在生活中获取最丰硕的果实和最美好的享受，就去冒险挑战艰险！

在维苏威火山旁建设你们的城市，在未知的海域航行你们的船，在战斗中生活，向自己，也向敌人开战吧，你们这些求知者，如果不能成为统治者和占有者，就去做强盗和征服者吧！

这个时代马上就要过去，你们像小鹿，在森林中小心地躲藏着，你们生活的时代马上就要结束，知识要做一切的统治者，它要掠夺一切，占有一切，你们要永远追随它。

十月

谁的人生不迷茫

10-01

眼睛总是紧盯目标，这样的人生其实是迷茫的

像野兽那样拼命地登山，汗流浃背、一门心思地朝着山顶攀爬，沿途虽有很多美景，但你却无心也无暇去欣赏，你只是紧盯着下一个目标，别的则全然不顾。旅行也好，日常工作也好，只是专注于某件事情，其他的都抛在脑后，这样的举止其实是非常愚蠢的。

比方说，在工作中认为将销售额提高了才是自己努力的目标，但这样做的结果，往往使工作失去了本来的意义。

但在生活和工作中，这种不明智的行为，人们却总在重复着。心灵缺少了从容，以为合理的行为才是至关重要的，以致将人生所需当成徒劳，这样就导致方向的迷失。

这样的例子举不胜举。

10-02

过早的成功是危险的

有的人很小年纪就有所成就，被人追捧，这有可能会让他们变得傲慢起来，丧失正确的价值观，对长者和踏踏实实做事的人丧失敬畏。

另外，他们还会误解成熟的意义，将自己远离由成熟所维系的文化环境。眼看着别人随着时间的推移逐渐成长，工作的底蕴也积累深厚，而他们却在成长的道路上停滞不前，还滞留在幼稚的境地，还在拿曾经的成就向人们炫耀。

10-03

被人轻视的原因

一个人讲话语速快，并且说得又多，这样的人即使他讲的多么有道理，经过短暂的接触，就会被人轻视。

这不仅是与引起我们不快程度对应的轻视，而且还要深重。

可以意识到，他已经让很多人感到厌倦了，由他引起的诸多不快和反感，都加重了人们对他的轻视。

这样看来，没有什么比被人轻视更难堪的了，也没有什么比被人轻视更能让人感到羞耻。

10-04

要爱那些蔑视我们的人

谁蔑视我们，我们要爱他；对于那些企图让我们产生敬畏心理的鬼怪，我们要伸手帮他们一把。

10-05

让贫穷显得不那么痛苦

我们无法用魔术将穷人的美德变成富人的美德，但可以用一种必然性去解释贫穷，这种解释能改变原有的样子，让它显得不那么痛苦，我们也不会对此显出责备的神情。

智慧的园丁就能做到这些。他将花园里小溪流引到水泉仙女塑像的手臂上，对贫穷来说这就是一种激励：有谁不会立刻向他提出对女神塑像的要求呢?

10-06

失败一次没什么可怕

失败一次怕什么，你们也不是没有经历过被人耍弄。围坐在我们这张赌桌周围的人们，不都在互相嘲弄吗？

如果在大事上失败了，你们会因此认输吗？

事物的等级越高，就越是难以成功，也越少成功。作为高等人，你们不也就失败了吗？

高兴些吧，这没什么了不起，有多少事情仍然存在可能性啊。人们在互相嘲笑，我们也学学他们嘲笑一下自己吧。

10-07

总有人能够听到你的声音

音乐家这样自我安慰：“你的生命没有响彻在人们的耳畔，你为他们沉默着，人们对你的美妙的旋律不加理会，也不理会你领导潮流的决心。你没有在宽阔的街道上伴随着军乐走来，所以，善良的人们没有权力指责你的人生转变少了音乐，有耳朵的人，都会听到。”

10-08

缓慢的日子

所有的艺术家和艺术工作者，他们都像生儿育女的母亲一样，时间对于他们来说是短暂的，在生命的每个阶段——以某个作品划分——目的都实现了，带着这样的感触——“我们成熟了”，这样面对死亡，就能泰然处之。但这不是对生的厌倦，而是象征秋阳一样的娇艳和煦，它们将成熟的作品留给了作者。在这样的情况下，生活放缓了节奏，像蜂蜜一样黏稠，缓缓地向那音乐符号迈近，直到对这些符号坚信不疑……

10-09

给自己找麻烦就会发现更多

对所有的事物都要追根寻源，就是给自己找麻烦。这种性格的人总是在睁大眼睛，他发现的东西比预想的还要多。

10-10

追求安宁固守现状将导致停滞不前

所谓“物以类聚，人以群分”，虽然大家相聚在一起相互认同，彼此相容，形成一个很和谐的氛围，但新的事物也许就很难在这样的氛围中产生了。

如果在这个圈子里的长者对与自己有相同见解的年轻人一味偏袒，这不仅对年轻人还是对圈子，都是有害无益的。

对新生事物和反对意见持抵触的态度，只是安于现状，这就会造成你这个圈子和圈子里的人从本质上发生变化，加速破灭。

10-11

要正视自己的局限

在人生的道路上，我们会有种种经历，我们会根据人生的经验判断生命的长短，判断生活的丰富与贫乏，判断生活的充实与空虚。

但我们毕竟没有千里眼，我们对生活与生命的体验毕竟是有限的。我们的听力有限，不可能听到所有的声音，我们的双手也不可能触摸到所有的东西。

但人有时还是会非常主观的，他们会根据自己的判断认定事物的大小、软硬，不仅如此，他们还会对其他生物做主观的判别。人的认识是有限的，遗憾的是，我们对这一点或许还没有认识到，对自己的判断总认为是正确的。这就是人类的宿命，无法摆脱。

10-12

那些不经意间形成的小习惯会悄然改变我们的人生

有些小习惯我们每天都在重复着，而这恰恰是一些慢性病的发病原因。

精神世界的小习惯，同样会对我们心灵的健康产生影响。

假如你过去习惯于每天用十句冰冷的语句去应对周围的人，那么现在就让周围的人高兴十次吧。

这样的好处是多多的，你的心灵不仅会因此快乐健康，还会给周围的人带来好心情。

10-13

一个篮子无法同时装下荣耀和美德

清楚所有的荣耀是如何产生的人，也会对美德产生疑虑。

所以，享有荣誉，并不意味着就同时具有美德。

10-14

在成长的道路上需要错误

人的成长离不开错误的训导：

1. 他常感觉自己还不够完美。

2. 他在自己身上寄予了丰富的想象力。

3. 在动物和大自然之间，他感觉自己处于某种虚假的境地中。

4. 他不断地构建并接受着新的价值观，这会使他显得更加高尚和尊贵。

如果我们忽略了这四种错误所产生的影响，就说明我们在人性、人情和“人的尊严”上有所忽略。

10-15

我们的骄傲

在向前飞驰、追求既定目标之时，我们要拉紧缰绳，在狂奔中，作为骑手我们控制自如，我们的所有骄傲都在这里。

10-16

求知者的感叹

“唉，我太贪婪了！在这个灵魂里没有忘我的精神，只有自我的贪欲，似乎要用众人帮助他观察和攫取的自我，企图挽回一切的自我，不肯失去属于他的一切的自我！

“唉，我贪婪的欲火呀！我多么渴望着重生，变成一百个人！”

不能以自身的感触去理解这位感叹者，就无法理解求知者的热情。

10-17

澄清问题，答案自现

即使读过很多的方法论，也学过很多企业家和富有者的成功之道，但这依然不能说明你就找到了适合自己的方法。这也是情理之中的事情。对一个人来说是良药，对另一个人来说，也许就是毒药。别人的做法有时并不是你所适合的。

问题的关键是你对自己“为什么”还没有透彻的了解。你为什么要这样做？你的目的是什么？为什么要做那样的人？又为什么要走那样的路？对于这样的问题，你还没有做深入的思考，这自然也就找不出正确的答案。

只有当你弄清了这些问题，一切才会一目了然。这时，方法也就在你的眼前，大可不必去仿效别人。前进的道路已经摆在你的面前，你只要迈开脚步去前进就是了。

10-18

残缺也有其必要性

如果驼背人身上的负担被你拿掉了，那他的精神也就被你拿掉了；如果你让盲人重见光明，那他同时也就看到了人世间的很多丑恶：这样一来，盲人就会咒骂给他治愈了眼睛的人。如果给一个瘸子治好了腿疾让他重新奔跑起来，这同时也给他带来了更大的伤害：因为他一旦能奔跑了，干起坏事也就方便多了。

10-19

难以融入团体的原因或许是你超出了团体

比别人想得多，考虑问题的范围也比别人宽泛，这样的人一般不太适合进入一个团体。这是因为这样的人会在无意中超越了团体的利害，从更宽广的领域去思考问题。

团体会为成员的思维方式设定框架，就像许多橡子凝聚在一起合成一体的样子，也像由无数小鱼汇成的大的鱼群。

这样看来，假如你的想法有违团体的意志，对此不必担心自己有什么不正常的地方。这只说明你的思想已经从团体这个框架中超越出去，达到了更宽广的空间。

10-20
不必时刻保持敏感的心态，有时观望一下也许就是美德

不必每时每刻都保持一颗敏感的心。

特别是在与人交往时更要注意，哪怕是已经洞悉对方的心思或动机，也要不动声色，做出没有感觉的样子。

尽可能善意地解读对方。

把对方视为自己的贵人，但不要显得不安和顾虑。让自己处于低调的位置。

这些都是社交时应该注意的事项，也是对人的尊重。

10-21

精神倦怠有时也会产生信念

奔放的热情能激发出见解，能产生主义和主张，关键问题在后面。

人们总希图让他人听命于自己，于是总是固守自己的主张、主义和见解，到最后这些都凝聚成了“信念”。

在一般人看来，有信念的人很高大，但这些人往往固执己见，对于它们的精神世界来讲，缺少变化和更新，换一个角度，也可以说是他们精神的倦怠产生了信念。

那些看上去非常正确的主张，也需要不断发展和创造，新陈代谢不仅是自然的需要，也是时代发展的需要。

10-22

有信心才能站稳脚跟

仇恨制造对立，仇恨虽然也包含着荣誉，但最终迎来的还是惶恐，是越来越多的惶恐。我们无所畏惧，我们有智慧，我们对自己的优势抱有信心，所以我们能有恃无恐，在当今之世站稳脚跟，不被别人宰割、禁闭和放逐。

10-23

渺小者的生存之道

一棵小树要想长成参天大树，就要将根须结结实实地缠在坚实的石头上。

10-24

强盗的行径

对于一个明白人来说，一旦对自己的精神有所约束，形成一种悖逆的嗜好，经常地违背自己真实的意愿，比如当他想说爱与敬慕时，给出的却是否定答案。残酷的艺术家和圣化者希望居于统治地位，每一次大规模的掠夺，都是一种强盗的行径，对精神意志上也造成伤害。为了装点门面的虚荣，它不断地幻想着在一切的意愿中留下一些残酷的东西。

10-25

恋爱中的掩饰

恋爱时，彼此都想把自己的缺点掩饰住，这不是虚荣，而是不想给对方带来痛苦。

10-26

因不清醒而受到的蒙蔽

对于自己所经历的事情你们毫无知觉，就像醉汉跌跌撞撞，摔倒了，从台阶上滚下来。好在你们没有因为醉酒而受伤。你们浑身无力，神志不清，这样就感觉不到石阶的坚硬。

10-27

学会尊重

人要学会尊重他人，就像要会轻蔑一样。无论率领大家奔向新征途的人是谁，我们都会吃惊地发现，他们对于表达感恩这样的情感实在太笨拙了。

说实话，真正需要表达的感恩之情很少，好像他们想表达内心的感激时，嗓子就被什么东西给堵住了，日夜思想，到头来也只有沉默。

一个思想家成功地探索思想所产生的影响、变化和动摇权力的方式，接近喜剧，好像他们已经被深深受到伤害的感觉所支配，只好以种种失误和不妥来表明可能会受到威胁的独立性。

为了制定一套虔诚的感恩惯例，就要经历所有的世代，假如没有与生俱来的感恩之情，感恩又怎么能成为一个传统呢？所谓传统，难道不是时刻都需要，但却没有谁能发现它的存在吗？

接下来就会出现一个伟人来接受人民的感恩，不只因为他的贡献，更因为前辈积累下的财富。

10-28
关于自信

自信的人实际上并不多，有少数的自信者，他们中有些人实际上是盲目自信——有益的盲目，或者是思想不明确。（如果他们看到自己的本来面目，不知会作何感想。）

还有一些人不管干什么，不管是好事还是大事，他们首先都要同深藏于内心的疑虑做一番争论，直到解除疑虑，这样才增强了自信。但这样做需要有些天分。这样的人不会自满，是非凡的人。

10-29

对人生做出艺术性的规划

给个性赋予一种“风格”，这是一门伟大而罕见的艺术。

总结自己天性中之所长和所短，并且做出艺术性的规划，让一切都笼罩在艺术的氛围中，哪怕是缺点也值得回味，人就是这样来演练和应用艺术形式的。在这里被注入了很多第二天性，而另一处又缺少了某种第一天性，不管是哪种情况，都要经过不断的演练，要坚持每天都有付出；在这里藏匿着在别处不愿减少的丑陋，而这种丑陋在别处又被追捧为高尚。诸多不愿变为有形的暧昧被存储着，以备远眺时使用，对那些遥不可测的东西，他们可以给予暗示。当这些工作最终完成时，不管是大人物还是小人物，他们都会表现出对本人兴趣的强制，不管这兴趣的好与坏，都不像人们所预测的那么重要，只要是兴趣就足够了。

10-30

向着更高远的目标

“你不再祈祷，没有追随，不沉溺于无限的诚信。在至高至善面前你拒绝停步，你不愿放弃自己的思想。你独处着，生活在寂寞中，没有永久的看护人和朋友，在你的生活中没有机会去眺望远山，那山头罩着白雪，内部却是沸腾的岩浆。对你来说，既没有报复者，也没有最终修正你的人；已经发生的不再有理性，而将要发生的也不再有爱；你的疲惫的心失去了休闲的乐园，你反对所有终极的和平，你希望战争与和平循环往复。绝望的人，你是不是要抛弃一切？谁能给你这样的力量，这是谁也不曾具备的力量。”

有这样一个湖泊，在某一天它会拒绝排水，在现在的排水处垒起一道堤坝，这样水面就会涨高；类似的拒绝也会给我们以力量，人从此向上升高，不必再向上帝流泻了。

10-31

你所追求的就在脚下，就在眼前

在你站立的地方挖下去，就会看到泉水。

很多年轻人向往异国他乡，他们奔向那遥远的地方，去寻找自己想要的东西。

其实，在我们脚下，就有取之不尽用之不竭的泉水。而你所追求的，也就在你的脚下。上天赐给你的无数宝藏，就在你的脚下沉睡着。

十一月

且将痛苦一饮而尽

11-01

永恒的快乐并不存在

一生中总有断断续续的幸福片段，但永恒的快乐并不存在。

幸福十分脆弱也反复无常，唯有特定的时刻才会昙花一现；倘若我们一直处于幸福的状态下，那幸福将失去本身的意义，只有透过幸与不幸的对比我们才能明确地感受它的存在。

11-02

要想激发正能量，痛苦比快乐更有效

可以肯定地讲，痛苦是驱使人们前行的一种动力；痛苦的效能高过快乐。

快乐不会保持一贯的精神状态。

11-03

人人需要不幸

与不幸相关的东西，常被同情者冷落，因为他们只想助人，却没有想到人也需要不幸；他们也没有想到，你我都离不开惊恐、匮乏、贫困、夜晚、冒险、莽撞、失误，就像需要这些东西的对立物一样；还有他们想不到的——神秘点说——天堂之路总要穿过地狱。这些他们不懂："同情的宗教"（或"心"）令其助人，完成了，被认为是帮助得力。作为宗教的追随者，如果你们对他人和自己也这样看，也不愿遭受痛苦，一个小时也不愿，且要防范所有不幸，如果你们把痛苦视为邪恶、可憎、该死和生存的污点，那你们除了同情的宗教外，还有一种舒适的宗教，这可能还源自前者。啊，你们善良，但怎么不懂幸福呢，幸与不幸是共生共长的孪生兄弟，但它们在你们这里却得不到成长。

11-04

能成大业的人都要与险恶的环境较量

人怎样使自己强大起来，怎样才能担当起重任？

肌体和精神的所有美德和本领，都是人们辛勤劳作点滴积累而成。

要敢于吃苦、克制自我、坚定信念、勇往直前地专心苦干，并乐于吃苦。

11-05

痛苦成就伟大的人

如果一个人在自己的内心没有承受痛苦的力量和意志，他还能成就一番大事业吗？吃苦对于人来说是微不足道的，在这方面，就连弱女子乃至奴隶都有着非凡的能力。

但是，只有忍受剧烈的痛苦并且不被痛苦所摧毁的人，才是伟大的人。

11-06

逆境能使你变得强大

一棵参天大树的长成，能不经历疾风骤雨和恶劣气候的磨砺吗？

水稻在成熟之前，能不经过暴雨、骄阳、台风还有闪电的洗礼吗？

人生也会经历许多逆境，没有这些苦难，人能变得坚强和健康吗？

憎恨、嫉妒、固执、猜疑、冷漠、贪婪、暴力，还有种种逆境中的障碍，所有这些都会使你懊恼。可是设想一下，如果没有逆境中的种种障碍，人类能像现在这样强大吗？

不然，正是这些逆境中的障碍，给了人类克服困境的勇气、力量和机会，正是它们让人类坚强起来。

11-07

贫困的刺激

无论使用什么方式，我们都不能在穷人身上激发出华贵富足的品行。但我们可以很坚定地认为贫穷是必然的，有了这样的认识，贫穷就不会带给人以痛苦，对命运我们也不会呈现出一副斥责的面庞。

聪明的园丁会把花园里的溪水通过喷泉浇到美女塑像的手臂上，这对贫穷的人就是一个刺激，因为他不是园丁，他不需要美女的塑像。

11-08

困难越大，成功的几率就越高

人们常把生命、健康和荣誉去做赌注，这是高傲和逼人的强势造成的。

这不是源于爱，而是因为所有的险情都在挑战我们，试试我们对自身的能力和勇气有多大好奇。

11-09

快节奏的生活带来的疲惫

人们总认为休闲可耻，花上很长的时间去思考，良心会不好受，在思考时，要手里拿着表，午餐时，要眼盯着证券报。过日子就像是“荒废”时光。“随便干点什么，也比闲着好。”正是这个理念将人性的修养和高尚的情操给束缚了。

劳动者的辛劳，使一切礼仪和礼仪情感随之消亡，他们顾不上那些动作的节奏。从事什么劳作都要求简洁明快，这就是明证。在与人真诚相处的所有场合，在与亲朋、妇孺、师生、上司以及王公贵族的社交中，人们无暇顾及仪式，特别是那些烦琐的礼节，更谈不上内心的安宁了。在生活中利欲熏心，伪装，阴谋，争取占得先机。要领先他人，成了人们追逐的美德。这样，人们难得恢复本性，人们疲惫不堪，要尽量让四肢伸展。

11-10
被误解的受难者

伟人遭受的磨难和他的崇拜者所想象的不一样，他们的磨难莫过于想危急关头在情绪上出现鄙琐、小气的波动，简单说，就是伟人对自身产生了怀疑，并不是因为指责所需而做出的牺牲和殉难。

普罗米修斯因为对世人的悲悯而牺牲，在他看来这是快乐的，自我感觉这是伟大的壮举；但当他嫉妒宙斯，被迫将凡人带给宙斯时，他又是痛苦的。

11-11
天才的痛楚和价值

天才的艺术家希望给人们送去欢乐，但假如他的艺术居于一个高不可攀的地步，就很容易造成曲高和寡的局面：虽然他奉献出一桌大餐，但食客却并不买账。

有的时候，或许还会给他带来可笑的伤感，因为人们并不需要他生硬地推销自己的艺术。

无论天才天赋有多高，对于大众来说，都无法让大家都接受，这样，也就无法证明天才是快乐的，即便快乐，又要用怎样的尺度和天平来衡量快乐的真实性呢？

11-12

有生命的地方，就有强力意志

只要是我发现的有生命的地方，就能发现强力意志；哪怕是在仆人的意愿中，也能发现他对主人地位的期盼。

弱者的意志劝说他：弱者应该为强者服务。弱者期盼的是成为比他还弱的人的主人，这个唯一的乐趣，他是不肯放弃的。

就像小人物为大人物服务，但小人物却能从比他更弱小的人那里得到乐趣和力量；即使是大人物，也要为了强力而去服从更强大的人物，乃至不惜献出生命。

大人物的服从就是这样的：冒险、危难和孤注一掷。

在那些有着牺牲、服务和爱恋眼光的地方，期盼当家做主的意志也存在着。弱者从秘密通道悄然钻进城堡，直捣强者的心脏，从那里夺取强力。

11-13

不管能否实现，也要设定宏大的目标

我们常看到一些人规劝某人要树立远大目标，这个目标又是难以达到的，用这样的方法激励人们最大限度地发挥潜能，争取力所能及的最大的业绩。

到处都是勉为其难的人们，到处都看到他们那可怕的姿态，到处也没有成功者头戴花环的场景，在这个世界上难道只有失败的景象。

11-14

闭目塞听的病人

“他的情况不好！”——他什么地方不好？

“他得了贪心病，贪图别人的赞美；这种病是无法治愈的。”——这真难以想象！全世界都在给他拍马屁，大家不仅用手，还用嘴巴在恭维他呢！

“可不是吗，但他听不见呀。朋友在赞美他，在他看来却是朋友在自夸；仇人赞美他，在他看来却是仇人要求得到同样的赞美；到最后，不剩几个人了，也不像这位名气大——赞美他，他好像受到了侮辱，因为此人既不愿视他为朋友，也没有把他当作仇人。他经常说：既和我作对，又装成好人的样子，我看不上这样的人！”

11-15

勇敢面对敌人

能勇敢地面对敌人，这实际上是为了自己，是为了自己还能胆小怕事、优柔寡断、思维混乱。拿破仑就是这样评价姆拉特的，这是一个“勇冠群伦”的人。

11-16

爱、赠与和成熟

乐于奉献的人，常常感到虚名是个负担，他们对自身还厌烦；渴望被别人爱的人，自己却格外自私，向人索取总是没有知足。

乐于奉献的人，总是把自己慷慨地奉献出去；等待被人爱的人，总是在向他人索取。

说到成熟，人类要是融进爱之中，还有什么成熟可言？

人们通常所说的“成熟”，也就是被世俗磨掉了棱角，人们变得越来越世故、圆滑和急功近利而已。

成熟不该是这个样子，这个样子只说明了精神已经早早衰亡，个性也已经泯灭，灵性也不存在了。

真正的成熟应该是有独立的个性，是自我的真实实现，是在精神上收获丰硕的果实。

11-17

一切都是可以改变的

有这样一种幸福感：经过科研，成果经受了检验，并且又有了新的发现，于是激励人们做进一步的研究。情况也可能不同，我们对自身估计的不稳定性和喜欢幻想、对于事物规律和概念的创新，都是毋庸置疑的，这不能不使我们吃惊，科研的成果竟这样恒久不变。

过去，人们还不清楚人的一切都是可以改变的；道德习俗一贯认为人的精神是被约束的。那时要是讲童话和仙女的故事，人们或许会惊讶。对规律和恒久不变的东西一旦厌烦，就会被神奇的事物所吸引。从地面飞升起来，在空中飘荡，达到忘我的境地。这就是古人幻想的天堂般的快乐。而我们感到幸运的是海难后重新登岸，又站到坚实的大地上，而这大地并没有发生动摇。

11-18

消除苦痛，就要克制过度的快乐

知识的终极目标是要创造更多的快乐并使痛苦降低吗？如果快乐和痛苦的关系非常密切，那它们之间又是什么样的比例呢？

想要体会“至高无上的欢乐”，就要做好“悲伤至死”的准备。

将快乐降到最低程度，生命中的痛苦也就降到了最低程度。

要把承受痛苦的能力降到最低限度，那同时也需要将承受快乐的能力降到最低限度。

11-19

比快乐更让人敏感的是痛苦

在我们个人好恶的驱使下，我们常将自己的力量施加于他人，这样的结果或者对他人有益，或者有害。

从给他人所造成的伤害来讲，让对方感到痛苦的感受要远远大于对快乐的感受。就痛苦而言，我们总要追寻根源，而快乐则乐于保持现状。

11-20

有意志的人是如何生活的

海浪来袭，透露着贪婪，好像要吞噬什么。它们以令人惊悚的速度深入到海岸的岩石缝隙，它们好像要率先登陆，领得先机，就像那里蕴藏着无穷的宝藏。但此时退潮也在慢慢开始了，还是白茫茫的一片海水，感觉非常兴奋。海浪失望了吗？它需要的东西找到了吗？它是不是在假装失望？

又一波海浪袭来，比之前的还要贪婪和凶悍，在它的内心仿佛深藏着秘密和对于宝藏的渴望。海浪就是这样生活的。我们有意志的人就是这样生活的，在这里不用我多说。

11-21

所谓“解释”常会束缚人的手脚，让人失去思考

对于事物的解释，总能从不同的角度找到答案。

无论好事还是坏事，它们从来都不是刚刚出现就有了定论。所谓好和坏，美与丑，有用与无用，只有自己才能做出解释。

但不管你做怎样的解释，从开始解释那一刻起，你就将自己置身于解释之中，也就是说你被解释束缚了，只有想方设法去解释通，并从这个角度来观察事物。

换一个说法，所谓解释，还有从解释中衍生出的价值判断，它们将限制了你的思维和判断。但你又要做出解释，因为没有解释，就无法找出处理方法。这就形成了对人生的解读所面临的两难处境。

11-22

有待发现的未知世界

每个人都有自己独特的生活和思想，就像和煦、赐福、果实的孕育、温暖着每个人的阳光，它们是如何对每个人施加影响的呢？是如何使人们超然于赞赏与批评、使他们很知足地慷慨地去行善事呢？是如何不断地让恶行转化为善举，使世间一切都欣欣向荣，使哀怨和烦恼的杂草不再萌生？人们思考着，同时也在急切地呼吁着：啊，我们需要更多这样的太阳！

即便是邪恶、不幸和特殊之人，他们也有自己的哲学、权利和阳光！“这些人不值得同情！”长期以来，人们已经形成了这样的观念，但这样无礼的想法我们应该抛弃。但我们也没必要就为他们设置神父，不必听他们忏悔，不必为他们设置驱邪者和恕罪者，需要的是正义、口号和哲学家。道德的地球是圆形的，它也有对立的一面，而它的对立面也有生存的权利。

另一个世界还有待于发现，这样的世界还不止一个。

11-23

苦难中的智慧

痛苦和欢乐给人以智慧，人的本性离不开它们，它们就像一股能量，没有这种能量，就没有痛苦和欢乐。痛苦使人痛苦，但人们不能因此就抵制它，它的本质就在这里。

在痛苦中我听到船长的命令：“收帆！”勇敢的航海家要对船员做演练：用各种方式收帆，不然的话船只就会被吞没。生活也需要节省精力，痛苦一旦出现，就要及时应对。危机和风暴来临，要避免“被吹得鼓胀”，要有备无患。

也有人在风暴临近时得到相反的命令。他们不惧怕风暴，他们坦然、傲然、欣然，像勇敢的战士，痛苦成全了他们的胜利，他们是不畏苦难的英雄。他们对痛苦自有辩白。人们不该拒绝他们的辩白。痛苦保持和发展了人的本性，哪怕他们是在对安逸和欢乐的抗争中铸就的这种力量。

11-24

坚定信念就有救

美德赏赐给那些信念坚定者以快乐和幸福，但不包括那些对它持怀疑态度的所谓高洁之士。

简单说来，就是“坚定信念就有救”。

11-25

抵制对本性的污蔑

有些人让我很不痛快，在他们看来，人的本性是病态的，是倒错，是卑鄙的东西。我们被他们误导了，以致我们也以为人的本性就是邪恶的，这就造成了我们对自己对别人本性的认识都有失偏颇，这就是被他们迷惑的结果。

对于本性，许多人都可以选择不假思考，任其自由发展，但或许又不这样做，因为担心那个“想当然”的“邪恶本性”出来作恶，所以，我们很难感受到那种勇敢无畏、不认为自己有什么可耻而驰骋四方的英雄气质。

我们是天生的自由的鸟儿，无论我们飞到哪里，自由和阳光都会伴随着我们!

11-26

对自身痛苦的认识

我这样观察人的心灵痛苦：看他是选择自身经验还是别人的描述来认识，是否佯装痛苦，但还是用痛苦来包装自己的形象；或许根本否定自己的痛苦，也可能直言痛苦就像肉体的痛苦一样。

多数人留给我这样的印象：因为对双重痛苦缺少磨炼，苦痛的样子又很可怕，就出现了这样的后果：与过去相比，对痛苦的憎恶是刻骨铭心的，非难胜过从前，认为痛苦的存在，或者说观念中的痛苦，这几乎是不能忍受的，因此就痛斥天良的缺失。悲观主义哲学断然不能代表痛苦，而是对各个时代的价值的质疑。在这些年代，闲适和轻松让心灵和肉体的小痛苦也像血淋淋的，其实那痛苦无非就像被蚊子叮咬了一下，这也是难免的，况且因为缺少真正的痛苦经历，痛苦的感觉就更加重了。

11-27

允许批评

大家都知道，允许批评是文明的重要标志。人们甚至这样认为，文明人都希望并鼓励别人对自己提出批评，这样自己就能受益，就能发现自己没有发现的错误。

允许批评的雅量如果在反习俗、反传说和反神圣面前也能泰然应对，就表现出了文明的辉煌和令人叹服，是思想解放迈开的一大步。这些人们都清楚吗？

11-28

贪婪的人都是多余的

你们帮我看看这些多余的人，他们的确成了富翁，但也因此更加贫困。他们追逐权力，首先就是要权力的杠杆，他们要拥有大量的金钱——这真是一帮无能的人。

看吧，他们像猴子一样上蹿下跳着，它们互相跃过对方蹿向高处，又互相拉扯着跌向泥淖和深渊。

他们都对王位充满了贪婪的欲望：他们的疯狂就是这样的，就好像王位上端坐着幸运。但事实是，王位上总是肮脏的——而且，王位总是浸泡在污泥中。

11-29

有些事情没有做，我们会为此懊悔

人们的思维有时显得有些不可思议，比如对事物的大小我们会自主做出判断，“我做了一件大事”、“可我连件小事也做不成”等等，这是我们常挂在嘴边的话。

还有更难以理解的事情呢，比如有些事情我们没有做成，我们会为此懊悔，认为那可是件大事。如果当初完成了这件大事，情况就不是现在这个样子了。人们还主观地认为，对于已经完成和将要做的事情，他们能够做出大小的判断。更有甚者，人们会觉得他们的判断就是事实真相。

对于自己来说，事情虽然很小，但在别人眼里，事情可能就大了，反过来也是这样。所以，对于过往行为的价值判断是没什么意义的。

11-30

最危难的时刻

最容易发生车祸的时刻，就是当你躲过第一辆汽车之后。

在工作中，在日常生活中，在解决问题和纠纷时，也体现着同样的道理，警惕性一旦放松，接下来就有发生危险的可能。

十二月

你的人生，终将闪耀

12-01

通向好事的路

所有的好事都在远方，需要跋涉很远的路，才能接近它们。

12-02

成为不为自己感到羞愧的人

对于你们内心的怨恨和嫉妒，我是很清楚的，希望你们伟大起来，不用为自己感到羞愧吧！

假如你们不能成为博学的圣贤之人，那就希望你们至少也要成为有知识的士兵，因为有知识的士兵乃是圣贤的伙伴和先驱。

我见过不少士兵，我希望他们都很优秀。他们穿着统一的服装，这种服装人们称之为“制服”：但愿在这统一的服装下，每个人的心不是统一的。

12-03

渴望出人头地

渴望出人头地、特别关注周围的人，在意他们对自己的反应。

但这种渴望的动机，却不是出于善意、同情或者慈悲。

恰恰相反，这种人渴望看到的，是别人在怎样因为我的原因而遭受内在或外在的痛苦，怎么对自己失去了掌控，在只是外在的影响下而屈服于我。

哪怕这种人所渴望造成的是一种愉悦美好的局面，他能从中享受到成功的喜悦，他也并不因此给他人带来美好和快乐的东西，这是因为他已经在别人身上刻下了自己的印记，他要改变他人，要让别人服从他的意志，服从他的统治。

渴望出人头地就是想掌控别人，不管是间接控制，还是直接的，甚至仅仅是一种梦想。

12-04

让幸福闪光

对于现实天空中深邃光亮的色调，画家有些为难，因为他无法将这种色调画出，于是不得不将色调调得低一些。经过这样的调整，画家笔下的色调便显得逼真，与自然色调也相协调。诗人和哲学家也有这样的问题，他们对于幸福的光泽无法表现，因此也要加以补救；画家要将画面的色彩比实际色彩暗淡些，使他们所掌握的光源接近阳光，呈现出美满幸福的色泽。在悲观主义者心目中，世界万物都笼罩着最阴郁的色彩，而使用的却是火焰和闪电，是来自天国的灵光和所有令人炫目的东西；在悲观主义者那里，光明的表现不过是为了增加画面的恐怖感，让观者感到画面上的东西比实际更令人恐惧。

12-05

实现生命的意义

人要成为强者，生命才能有价值。人要找回生命的自身，要超越生命，要提升自我的能量，这才是生命的意义所在。

人生就是我们自我不断提升和自我抗争的过程。

12-06

伟大的精神造就伟大的灵魂

灵魂的伟大蕴含着独立性；但如果没有伟大的精神，伟大的灵魂就无法产生。后者会引发灾难，哪怕是出于善意和正义感。

低下的精神要俯首听命，因为它们与伟大无关。

12-07

胜利没有偶然性

对于一个胜利者来说，无一例外，他们是不相信偶然的。

即便他们自己很谦虚地说自己的成功是很偶然的事。

12-08

生命无须争执

思想是心灵的影子，当我们赞扬某人有思想时，总显得暧昧、空虚和单纯。

在体、面、线、因与果、动与静、形式与内容的要求下我们将自己置于一个能适应的世界中。

如果没有这些信念，那没有谁能活下来，但这些信念尚未被印证。

生命无须争执，大概生命本来就注定了错误。

12-09

命运的奖赏

命运给予我们最大的奖赏，就是它让我们和敌人在一起战斗一个时期。我们会因此获得胜利。

12-10

在行动中不断地抛弃

“不做这个！死心吧！战胜自己吧！“这样的道德说教实在让人厌烦，我最赞成的道德是激励我去干，一天到晚没有别的考虑，没有别的梦想，只有专注既定的目标，努力去实现！

这样生活的人，就会不断地抛弃与既定目标无关的东西，今天丢下这个，明天抛弃那个，那些抛弃的东西就像随风飘落的黄叶，而他对此无怨无悔。也许，他根本顾不上这些离他而去的东西，他的目光仅仅盯住自己的目标，向前，没有三心二意，没有后顾之忧。“我们的行动决定了应该抛弃的东西，我们在行动中不断地抛弃它们。”非常喜欢这句话。但我也不是刻意追捧贫困，那些属于否定性质的道德才是我所厌烦的，就是那些否定本性和否定自我的道德。

12-11

美好的未来需要什么样的人才

在我们生活的时代，一定要开拓出新的道路，积聚必要的能量，以通向更美好的未来，为此需要大量的人才，他们敢于承担责任并有所准备，要将英雄传统在新的时代和知识领域发扬光大，为理想和信念而努力。但需要注意的是，这样的人才是不能够从虚无和现代文明的泥沙或者是大都市的教育中产生的。他们应该是沉静、独立、果敢和坚毅的，对各种事物他们需要有爱心，他们拥有征服一切的气概，他们性格爽朗、忍耐和简朴，他们蔑视虚荣，他们具有一往无前勇于胜利的勇敢气质。宽容失败者，对一切胜利者和取胜的因素做独立而精辟的思考，他们也有属于自己的节假日和工作日乃至哀悼日，他们发号施令时都是胸有成竹的，一旦有所需要，他们会随时待命出征，他们对个人和集体都充满了骄傲和自豪感，他们将别人的事视为自己的事。

12-12

适时离开

想要拥有好的名望，就要及时放弃荣誉，学习适时离开的高难度本领。

你的味道再好，也要及时停下来，不要被别人吃掉：有些人想要别人长久地爱他，这样的人对此都很清楚。

12-13

历经曲折才能实现美好

美好的一切都是经过艰难曲折才最终实现的。它们就像猫一样弯着腰，心里在欢呼着，为那将要达到的目标，所有的好事都笑逐颜开。

一个人的脚步，就能显示出他是否已经走上了自己的轨道：从我的脚步上，你们就能得到印证。但接近目标的人在舞蹈。

我真的很喜欢奔跑，我不愿意像雕塑和石柱那样僵硬而麻木地立在那里。

尽管世界上有沼泽和悲伤，但脚步轻快的人依然会跑过沼泽，就像在溜冰场上舞蹈一样。

12-14
获胜之后拥有失败的本钱

获得一次出色的胜利，其最大的好处就是获胜者对失败的恐惧感消失了。

“我为什么不能失败一次呢？”他会这样问自己，“我现在可是有本钱了。”

12-15
一种新的意志

我要将一种新的意志传授给人们：要自觉地沿着人类走过的道路前进，还要在心里对它加以肯定，不要像一个病人和濒临死亡的人那样悄然远离这条道路。

12-16
生活像女人

发现一件作品的美感，仅靠知识和良好意愿还不够，机遇也很重要：云彩从美的巅峰飘去，阳光高照，为了我们。

一定要在适当的位置观察，敞开心扉，这样就站稳并把握了自己。但这难得兼顾。一切美的事物，作品、行为、人，还有大自然，其峰巅还不为大多数人所知，最优秀的人物也隐没着。巅峰即使露出，也仅此一次。

希腊人这样祈求过："让所有的美显露吧！"啊，这样吁请神明是对的，因为现实没有美提供给我们，或者仅提供一次。

世界是美的，但对于美的展示实在少，生活的魅力或许就在这里：生活被黄金编织的充满好机遇的面纱遮蔽着，生活蕴含着希望、抵触、羞涩、讽刺、同情、诱惑……是的，生活像女人一样。

12-17
人的自由意志

缺乏意志的地方，一定会急需信仰。意志是命令的情感，是自主和力量的最重要的标志，也就是说，谁不清楚怎么下达命令，谁就希望快来一个会下命令的人。

如果一个人对于给他下达的命令绝对服从，这就是一个"信徒"的样子；相反的话，就会表现出人的自决力量和意向，也就是人的自由意志。

思想在这时就告别了所有的信仰，告别了所有要求获得确切性的愿望，而习惯于用轻便的绳索和可能性来支撑自己，就是在深渊边缘也能手舞足蹈，这就是独立不羁的自由思想！

12-18

心灵强健方能克服险境

人格的缺陷会给我们带来许多后遗症：衰弱、怯懦、不值一顾、自我贬损，还有自我否定等等人格特征，对于任何美好的事物，这些都是不相融的。

任何环境下，所谓“无私“都毫无价值，非常的问题需要非常的解决方法，只有坚强、成熟、稳定的心灵和根基扎实的人才能担当解决非常问题的艰巨任务。

12-19

放下包袱才能轻装前行

人生是短暂的，死亡的阴影随时会降临。因此，我们要抓紧当下的时光，去做更多的事情。

我们需要明确一个事实。在有限的时光中，我们要做些什么，同时也就要舍弃些什么，丢掉些什么。但我们不必担心究竟该丢掉什么，当我们努力前行时，该丢掉的东西自然会丢掉，这就像树叶枯萎了自然会脱落一样。

这样我们就能轻松愉快地前行，更快地接近高峰。

12-20
对衣食住行要给予诚挚的关注

习惯的事物很容易被人们忽略掉，这就是“衣食住行”。

或许有这样的说法，认为人们是为活着才吃饭，为了性欲才相爱，为了情欲才生育。在他们看来，日常生活的大部分内容充满了“堕落”，高尚的生活不在这里。

但我们还是应当给予衣食住行以更多的诚挚的关注，这是因为它们构成了我们人生的基础。

勤于思考，勤于反省，勤于改革，将更多的知性和艺术元素注入生活之中。

衣食住行是人类生存的基础，它支撑着我们走过人生的道路。

12-21

要想有所创新，就要准备遭受非议

知识的庸人总是将所谓“经典”奉为宝贝，他们特别需要“文化的样板”，而那些富于创造力的东西都“有失体统”和“有伤风化”。

12-22

用平常的方式传递不平常的信息

当你向他人传递某个信息时，有这样一点需要注意：假如那个信息是从未发生过的，或者会使对方震惊，那你就将这个信息视为平常事，用平常的方式告诉对方。这样的方式能够让对方很坦然地接受。

假如不是这样的话，对方就会因为自己的孤陋寡闻而不安，甚至因自卑而恼怒，并将懊恼迁怒于你。这样一来，本来可以接受的信息，此时反倒不能接受了。

以平常方式传递不平常的信息，这是个很好的方式，它可以改善沟通效果。在与他人的工作交往中，这种方式也关系到成败。

12-23

只给出肯定话语

我不想对谁开战，不想指控，不想指控控诉者；任何东西也不看，我唯一的选择就是这样，用一句话概括：我就是希望在什么时候只会说“是”。

12-24

看看利己主义的真相

固守原地、没有蔓延的利己主义是不存在的，因此，那种“大方的”、“对道德冷漠的”利己主义也就根本不存在。

“人们总在利用他人的牺牲来达到自己得利的目的”；“生命总在靠牺牲他人来维系”。

对这一点尚无了解的人，就不会向诚实迈进。

12-25

对于自己的人品不要自吹自擂

人品是重要的。人们对于某人的赞赏，不仅在因为他的见解和观点，更重要的是他的人品。

但对于人品来讲，我们是不能去卖弄的。不管你如何表现自己人品如何好，却不会换来人们的敬重。对于那些为人低调、做了善事却不自我表现的人，大家会报以信任和尊崇。

12-26

善于发现结局

一般来说，一流大师都具备这样的特点：事无巨细他都能发现完美的结局，无论是一首乐曲还是一个思想的结尾，因为不管是悲剧的第五幕还是一件国家大事。

而二流大师面临同样情况就会乱了方寸，他没有波多飞诺市郊外山岭那样的安详，那山岭充满自信地静静地深入大海，热那亚海湾就是在波多飞诺市的郊外将自己的曲调唱完的。

12-27

生存条件可能本来就存在错误

我们为自己创造了一个人类宜居的世界，各种体线面，因与果，动与静，形式与内容，都被我们所接受。

假如没有这些，我们将无法生存。但这些也并未被验证。生活不是论据；生存条件可能本来就存在错误。

12-28
对行为的动机要相信

弄清人类行为的动机，这是非常重要的，但从一个研究者的角度看，相信这种或那种动机更重要，也就是说对人类迄今视为并想象为行为动机的东西我们要相信。

人们对幸福和痛苦的体验来自对这种或那种动机是否相信，而不是来自真的动机，动机只能引发人的二等兴趣。

12-29
关于激情的压抑

如果人们的激情长期得不到释放，用“卑下”、粗野、小市民气、农民的特性等概念来界定激情。也就是说，如果对表现激情的言谈举止予以压制（不一定是压制激情本身），结果可能正相反，压制激情，就意味着激情被削弱和改变。

路易十四的宫廷以及附庸就是个教训，从那之后，一个时代的激情都被压制，激情不见了，取而代之的是妩媚、肤浅和造作的风气，人们再无力表现粗放，在凌辱面前，也是一副彬彬有礼的面孔。

而当下正相反。生活中和舞台上，特别是出版物中，粗犷和乖张的激情随处可见，人们对激情的迸发已成习惯，但缺少的是激情本身。

即便如此，激情还是会回归的。那时，后代会具备真正的粗犷，而不仅表现在形式上。

12-30

有一天你会邂逅一个高大的自我

有一天，你或许会邂逅一个高大的自己。那样子可不是你平日的模样，而是一个更清秀、更高尚的自己。那一瞬间，你像受到恩宠一样感受到自己高大形象的存在。

让我们都珍视这个时刻吧。

12-31

给年轻人的话

虽然你对自由充满向往，但你现在还年轻，也面临着许多危险。

但我还是殷切地祈祷，你将永远不会舍弃爱与希望。

我还要殷切地祷告，你将永远不会抛弃灵魂中高洁的英雄。

请你将希望的最高峰，永远当作最神圣的地方。

图书在版编目（CIP）数据

所有打不倒你的，终将使你更强大 / (德) 尼采著；柯艾略译 . -- 北京 : 现代出版社 , 2016.4 （2023.7重印）

ISBN 978-7-5143-4537-7

Ⅰ . ①所… Ⅱ . ①尼… ②柯… Ⅲ . ①人生哲学—通俗读物 Ⅳ . ① B821-49

中国版本图书馆 CIP 数据核字 (2015) 第 314380 号

所有打不倒你的，终将使你更强大

著　　者　[德] 尼采
译　　者　柯艾略
责任编辑　杨学庆
出版发行　现代出版社
通讯地址　北京市安定门外安华里 504 号
邮政编码　100011
电　　话　010-64267325　64245264（传真）
网　　址　www.1980xd.com
电子邮箱　xiandai@cnpitc.com.cn
印　　刷　三河市南阳印刷有限公司
开　　本　880mm × 1230mm　1/32
印　　张　7.75
版　　次　2016 年 4 月第 1 版　2023年 7 月第 3 次印刷
书　　号　ISBN 978-7-5143-4537-7
定　　价　35.00 元